"十四五"高等学校数字媒体类专业规划教材

Photoshop CC 项目设计实践教程

张　婷　唐姊茜　江玉珍◎主编

中国铁道出版社有限公司
CHINA RAILWAY PUBLISHING HOUSE CO., LTD.

内 容 简 介

本书内容全面，条理清晰，深入浅出地介绍了 Photoshop CC 平面设计的基础知识和实例制作。在内容选取上，重视学生的操作技能，精选大量实例讲解，画面生动，可以激发读者的学习兴趣，让读者快速理解和掌握 Photoshop CC 平面设计方法和技巧，很好地满足 Photoshop CC 初学者和中级用户的学习需要。

本书共分 9 章，包括：初识 Photoshop、常用工具操作与运用、常用面板和功能的使用、广告海报制作、画册设计、展板设计、Logo 及名片设计、电商详情页设计、企业官网效果图设计。

本书适合作为高等院校计算机科学与技术、数字媒体技术、数字媒体艺术、影视新媒体、网络多媒体、现代教育技术、游戏动漫专业等相关专业师生的教学、自学教材，也可作为广大设计爱好者、Photoshop CC 初学者自学参考用书。

图书在版编目（CIP）数据

Photoshop CC 项目设计实践教程 / 张婷，唐姊茜，江玉珍主编 . —北京：中国铁道出版社有限公司，2021.12

“十四五”高等学校数字媒体类专业规划教材

ISBN 978-7-113-27686-7

Ⅰ. ① P… Ⅱ. ①张…②唐…③江… Ⅲ. ①图像处理软件 – 高等学校 – 教材 Ⅳ. ① TP391.413

中国版本图书馆 CIP 数据核字（2021）第 173580 号

书　　名：Photoshop CC 项目设计实践教程
作　　者：张　婷　唐姊茜　江玉珍

策划编辑：韩从付　　　　编辑部电话：（010）51873202
责任编辑：刘丽丽　包　宁
封面设计：刘　颖
责任校对：孙　玫
责任印制：樊启鹏

出版发行：中国铁道出版社有限公司（100054，北京市西城区右安门西街 8 号）
网　　址：http://www.tdpress.com/51eds/
印　　刷：北京柏力行彩印有限公司
版　　次：2021 年 12 月第 1 版　2021 年 12 月第 1 次印刷
开　　本：787 mm×1 092 mm　1/16　印张：11　字数：249 千
书　　号：ISBN 978-7-113-27686-7
定　　价：50.00 元

前言

Photoshop CC 项目设计实践是一门操作性和实践性很强的课程。本教材的宗旨是使学生掌握Photoshop的基础知识、基本操作方法、基本操作技巧以及实际项目的实践，培养学生制作广告、网页、新媒体平面作品的能力，提高学生的职业技能和素质，为继续学习打下一定的基础。编者还录制了大量操作视频，提供给学生课前、课中和课后学习。每个章节的案例都来自企业实际项目，还设计了“创新创业小妙招”板块，介绍平面设计的新理念、新技术，使学生的实践能力和创新能力在探究和互助竞争中得到有效提升，凸显了我国着力培养应用型、技能型本科人才的指导思想和“大众创业，万众创新”“互联网 +”等国家重大战略。

本书主要介绍 Photoshop CC 平面设计的基础知识和实例制作。其特点是将技术与艺术相结合，并以完成具体项目实例为目标来设立相关章节。为了便于读者学习，本书配有大量的实例文件、微课视频，读者可以扫描书中二维码观看相关章节的操作视频。

本书内容丰富、结构清晰、实例典型、讲解详尽、富于启发性。所有实例均是高校骨干教师从教学和实践工作中总结出来的。本书主编为广西民族大学相思湖学院张婷、唐姊茜，广东岭南职业技术学院江玉珍。

本书的出版得到了广西民办高校重点专业“计算机科学与技术”建设项目及2019年度广西高等教育本科教学改革工程项目的支持，还得到了中国铁道出版社有限公司的大力支持和帮助，此外，在编写过程中，还参考了不少学界同仁的研究成果，在此一并致谢。

由于编者水平有限，书中难免有疏漏及不妥之处，恳请各位领导、专家学者和广大读者批评指正。

编　者

2021 年 5 月

目 录

第 1 章 初识 Photoshop

1.1 认识 Photoshop

Photoshop 是 Adobe 公司的软件产品，历经了近 20 年的发展，已经成为世界上最优秀的图像编辑软件之一。

Photoshop 的专长在于图像处理，而不是图形创作。图形创作软件是按照自己的构思创意，使用矢量图来设计图形；图像处理是对已有的位图图像进行编辑加工处理以及运用一些特殊的效果，其重点在于对图像的处理加工。

大多数人对于 Photoshop 的了解仅限于“是一个非常好的图像编辑软件”，却并不知道它还有许多其他方面的应用。实际上，Photoshop 的应用领域是很广泛的，在图形、图像、文字、视频等各方面都有涉及。

修复照片

Photoshop 具有强大的图像修饰功能。利用这些功能，可以修复人脸上的斑点等问题，也可以快速修复照片老旧等问题。

平面设计

平面设计是 Photoshop 应用最广泛的领域，例如我们大街上看到的海报、阅读的图书封面等等这些具有丰富图像的平面印刷品，基本上都需要 Photoshop 软件来对图像进行处理。

广告摄影

在广告摄影方面，也都用 Photoshop 来实现一些专业性很强的效果。

网页制作

网络的普及是更多人需要掌握 Photoshop 的重要原因之一。Photoshop 在网页制作中是必不可少的网页图像处理软件；还有建筑效果图后期的修饰，在制作建筑效果图包括许多三维场景时，人物与配景包括场景的颜色等常常需要在 Photoshop 中调整或增加。

影像创意

影像创意也是 Photoshop 的特长之一，经过 Photoshop 的处理，能将原本属性毫不相关的对象组合在一起，也可以使图像发生改头换面的巨大变化。

艺术文字

用 Photoshop 处理文字，可以使文字不再普通。利用 Photoshop 可以让文字发生各种各样的变化，并利用这些艺术化处理后的文字为图像增加意想不到的奇妙效果。

绘画

Photoshop 具有较好的调色与绘画功能，很多插画设计制作者大多使用铅笔绘制草稿，然后再用 Photoshop 填色的方法来绘制插画。近些年相当流行的像素画也大多是设计师使用 Photoshop 创作的作品。

界面设计

界面设计是一个新兴的领域，已经受到越来越多的软件企业和开发者的重视，当前还没有用于做界面设计的专业软件，因此绝大多数设计者使用的都还是 Photoshop。

婚纱照片的设计处理

现在越来越多的婚纱影楼开始使用数码照相机，这也使得婚纱照片的设计处理成为一个新兴的行业。

绘制或处理三维帖图

在三维软件中，虽然能够造出精美的模型，却无法给模型应用逼真的帖图，也无法得到较好的渲染效果。事实上，在制作材质时除了要依靠软件本身具有材质处理功能外，还要利用 Photoshop 制作在三维软件中无法得到的材质，这也非常重要。

图标制作

虽然使用 Photoshop 制作图标感觉有些大材小用，但使用此软件制作的图标却是非常精美的。

视觉创意

设计与视觉创意是设计艺术的一个分支，这类设计通常没有很明显的商业目的。但由于它为广大设计爱好者提供了广阔的设计空间，因此越来越多的设计爱好者开始学习 Photoshop，并进行具有个人特色与风格的视觉创意。

上面列出了 Photoshop 的应用领域，但是实际上其应用领域远不止这些。例如，目前的二维动画制作以及影视后期制作，Photoshop 在其中也是有所应用的。

1.2 认识 Photoshop CC 的工作环境

双击打开 Photoshop 软件，选择“新建”命令，选择一个你想要的尺寸，然后单击“创建”按钮，如图 1-1 所示。

■ 图 1–1　“最近使用项”界面

创建完成后，进入 Photoshop 的工作界面，界面窗口主要由菜单栏、工具箱、面板、选项栏四部分组成，如图 1–2 所示。

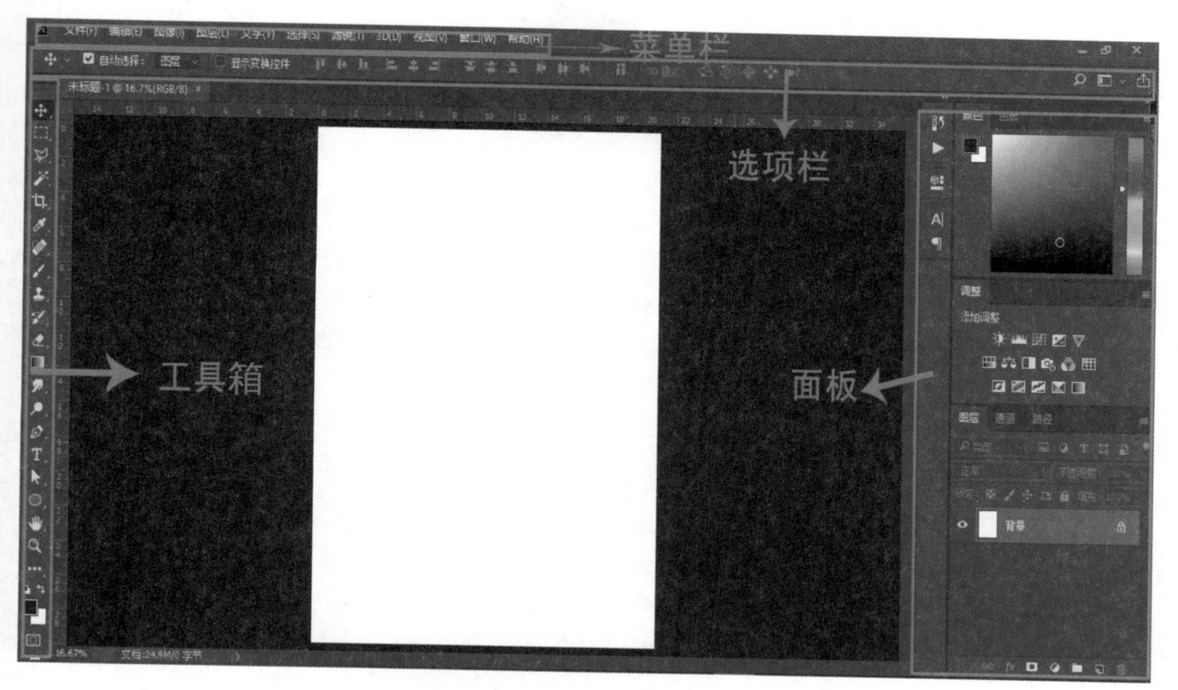

■ 图 1–2　Photoshop 工作界面窗口

1.3 认识 Photoshop CC 工具箱

Photoshop 的工具箱就显示在屏幕的左侧，若屏幕左侧工具箱没有出现工具箱，则可能是被隐藏了（直接单击菜单栏上的“窗口”，出现一个下拉菜单，在下拉菜单上单击“工具”选项即可弹出工具箱窗口）。不同的 Photoshop 版本的工具箱会有一些不同的地方，当然主要的工具没有什么变动。下面是 Photoshop CC 2018 的工具箱工具的部分功能介绍，如图 1-3 所示。

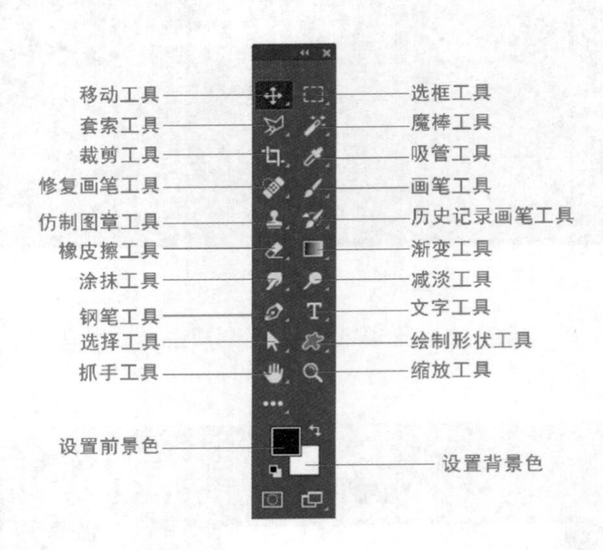

■ 图 1-3　工具箱

1. 着色编辑工具组

历史记录画笔工具：使用该工具时，按住鼠标左键不放，在图像上拖动，光标所过之处，可将图像恢复到打开时的状态。当你对图像进行了多次编辑后，使用它能够将图像的某一部分一次恢复到最开始状态。

喷枪工具：用来绘制非常柔和的线条。

仿制图章工具：能自由复制图像的工具。单击选中该工具后，按住【Alt】键单击图像上需要复制的地方，然后在图像的其他地方再单击，即可将刚才光标所在处的图像复制到该处。如果按住鼠标左键不放拖动光标，则可将复制的区域扩大，在光标的旁边会有一个十字光标，用来指示所复制的原图像的部位。（可以在同时打开的几个图像之间进行这种复制。）

画笔工具：用来绘制比较柔和的线条。

橡皮擦工具：能把图层擦为透明，如果是在背景层上使用此工具，则将其擦为背景色。

减淡工具：拖动此工具可以增加光标经过的地方图像的亮度。

模糊工具：用来减少相邻像素之间的对比度，使图像变得模糊。使用该工具时，按住鼠标左键不放同时拖动光标在图像上的相应位置涂抹，可以起到减弱图像中过于生硬的颜色过渡和边缘的效果。

2. 选择工具组

套索工具：使用这个工具可以建立自由形状的选区。

魔棒工具：这个工具自动地以颜色近似度作为选择的依据，适合选择大面积颜色相近的区域。

矩形选框工具：使用该工具可以在图像中创建矩形选区。选区方式还有椭圆、单行、单列的选框方式，按住【Shift】键拖动光标，可创建出正方形选区。

移动工具：移动选区的图像部分，如果没有建立选区，则移动的是整幅图像。相邻的区域按住【Shift】键不放同时单击其他想要增加的部分，就可以扩大选区。

切片工具：可以在 Photoshop CC 中切割图片输出并将切割好的图片转移至 ImageReady 来进行更多的操作。

裁切工具：可用来切割图像，选择使用该工具后，先在图像中建立一个矩形选区，然后通过选区边框上的控制句柄（边线上的小方块）来调整选区的大小，按下【Enter】键后，选择区域以外的图像将被切掉，同时 Photoshop 会自动将选区内的图像保存为一个新的文件。按【Esc】键即可以取消当前操作。使用该工具时，光标就会变成按钮上图标的样子。

3. 专用工具组

油漆桶工具：用前景颜色填充已经选择的区域。

渐变工具：用逐渐过渡的色彩来填充一个已经选择的区域，如果没有建立选区，则会填充整幅图像。

文字工具：可以在图像中输入文字。

直接选择工具：可以用来调整某一段路径上锚点的位置。使用时光标会变成箭头样式。

钢笔工具：路径勾点工具，勾画出首尾相接即封闭的路径。（注意：勾出的路径并不是图像的一部分，它是独立于图像存在的，这点与选区有所不同。利用路径可以建立复杂的选区或绘制复杂的图形，还可以对路径灵活地进行修改和编辑，并可以在选区与路径之间进行切换。）

吸管工具：将所选取位置的点的颜色作为前景色，若同时按住【Alt】键，则会选取背景色。使用时光标会变成按钮上图标的样子。

矩形工具：选择使用此工具，拖动光标就可画出矩形。

4. 导航工具组

缩放工具：可用来放大或者缩小图像的比例。

抓手工具：若图像较大，超出了图像窗口的显示范围，使用该工具来拖动图像在图像窗口内滚动，以浏览图像的其他部分。使用该工具时，光标会变成其工具按钮上所标注图标的样子。

1.4 认识 Photoshop CC 常用面板

1. 菜单栏

菜单栏包括文件、编辑、图像、图层、文字、选择、滤镜、3D、视图、窗口、帮助共 11 选项，如图 1-4 所示。

文件(F) 编辑(E) 图像(I) 图层(L) 文字(Y) 选择(S) 滤镜(T) 3D(D) 视图(V) 窗口(W) 帮助(H)

■ 图 1-4 菜单栏

“文件”菜单：主要用于对文档进行各种操作，包括文件的打开、关闭、保存、导入和导出，发布文档，页面设置和打印等常用操作。

“编辑”菜单：主要用于对文档和图形对象进行各种编辑操作。主要包括撤销和重复编辑操作、复制和移动操作、选择对象、查找和替换对象，以及对图像的操作和参数设置等。

“图像”菜单：主要是对图像进行调整，例如图像的大小、模式、饱和度、明暗关系等属性的调整。

“图层”菜单：主要是对图层进行编辑，例如图层的删减或者增加、合并、蒙版图层的显示与隐藏等操作。

“文字”菜单：主要用于编辑文本。在其中可以对文字的字体大小和样式进行设置，也可以设置不同文本的对齐方式和间距等，还可以对文本进行拼写和检查等操作。

“选择”菜单：主要针对选取区域进行各种编辑，如修改、取消选择、重新选择、反选等。

“滤镜”菜单：主要用来实现图像的各种特殊效果，通常需要同通道、图层等联合使用，才能取得最佳艺术效果。

“3D”菜单：可以很方便地制作出 3D 立体效果图。

“视图”菜单：主要用于以各种方式查看编辑内容。主要的操作包括显示比例、预览模式、显示或隐藏工作区和对齐对象的辅助工具等。

“窗口”菜单：用于显示和隐藏各种面板、工具栏、窗口并管理面板布局。若要显示某个面板或工具栏，只需要在“窗口”菜单下选择相应的命令，使其前面出现黑色的小勾即可。如果要隐藏它，只需再次选择该命令。

“帮助”菜单：提供了 Flash 在线帮助信息和支持站点的信息，包括新增功能、使用方法和动作脚本词典等内容。

2. 选项栏

选项栏如图 1-5 所示，可以在使用工具时调整工具的各种参数，如加字的时候可以调整大小、阴影、颜色等。

■ 图 1-5　选项栏

3．控制面板

一般是两排，不过第一个竖排在默认情况下是隐藏的。单击右上角的按钮即可选择打开或者隐藏控制面板；同样的第二竖排也可以被隐藏和扩展开，如图 1-6 所示。

■ 图 1-6　控制面板

1.5 文件的新建与存储

1．新建文件

步骤一：单击左上角文件，在下拉菜单中单击“新建”选项，如图 1-7 所示。

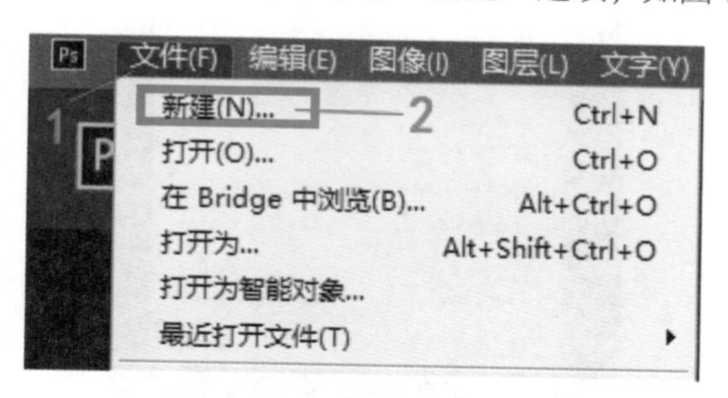

■ 图 1-7　“文件”下拉菜单

步骤二：在弹出的窗口中选择一个尺寸，然后在右边面板中设置相关信息，最后单击“创建”

按钮即可，如图 1-8 所示。

■ 图 1-8　创建新文件

2. 存储文件

步骤一：单击左上角“文件”选项卡，然后单击“存储”或“存储为”选项，如图 1-9 所示。

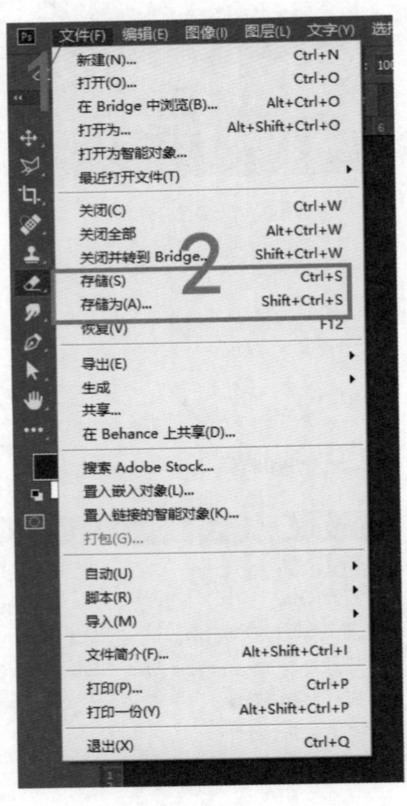

■ 图 1-9　选择“存储”

步骤二：在弹出的窗口中设置存储位置及存储文件名、存储格式后可根据需要设置存储选项，最后单击“保存”按钮即可，操作如图 1-10 所示。

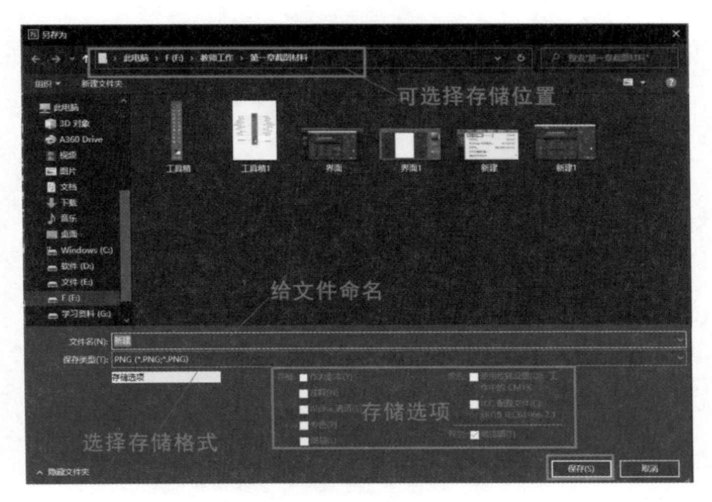

■ 图 1-10　“另存为”对话框

1.6 软件常用的快捷键

1. 编辑操作

页面设置：【Ctrl+Shift+P】；

向前一步：【Ctrl+Shift+Z】；

撤销：【Ctrl+Z】；

向后一步：【Ctrl+Alt+Z】；

消除：【Ctrl+Shift+F】；

粘贴：【Ctrl+V】；

色彩设置：【Ctrl+Shift+K】；

复制：【Ctrl+C】；

剪切：【Ctrl+X】；

自由变换：【Ctrl+T】；

原位粘贴：【Ctrl+Shift+V】；

再次变换：【Ctrl+Shift+T】；

合并复制：【Ctrl+Shift+C】。

2. 文件操作

新建：【Ctrl+N】；

保存：【Ctrl+S】；

另存为网页格式：【Ctrl+Alt+S】；

打开：【Ctrl+O】；

另存为：【Ctrl+Shift+S】；

关闭：【Ctrl+W】。

3. 图像调整操作

反向：【Ctrl+1】；

液化：【Ctrl+Shift+X】；

去色：【Ctrl+Shift+U】；

色阶：【Ctrl+L】；

提取：【Ctrl+Alt+X】；

曲线：【Ctrl+M】。

4. 选择

全部选择：【Ctrl+Shift+D】；

取消选择：【Ctrl+D】；

全选：【Ctrl+A】；

反选：【Ctrl+Shift+A】。

5. 图层

新建通过复制的图层：【Ctrl+J】；

新建图层：【Ctrl+Shift+N】；

合并图层：【Ctrl+E】；

合并可见图层：【Ctrl+Shift+E】。

6. 滤镜

羽化：【Ctrl+Alt+D】；

套索、多边形套索、磁性套索：【L】。

7. 常用工具

喷枪工具：【J】；

移动工具：【V】；

上次滤镜操作：【Ctrl+F】；

魔棒工具：【W】；

裁剪工具：【C】；

画笔工具：【B】；

橡皮擦工具：【E】；

钢笔、自由钢笔、磁性钢笔工具：【P】；

铅笔、直线工具：【N】；

直接选取工具：【A】；

文字蒙板、直排文字蒙板工具：【T】；

油漆桶工具：【K】；

直线渐变、径向渐变、对称渐变、角度渐变、菱形渐变工具：【G】；

吸管、颜色取样器工具：【Shift+I】；

默认前景色和背景色工具：【D】。

8. 视图

放大：【Ctrl++】；

色域警告：【Ctrl+Shift+Y】；

缩小：【Ctrl+－】；

满画布显示：【Ctrl+0】；

显示标尺：【Ctrl+R】；

实际像素：【Ctrl+Alt+0】。

1.7 认识图层

图层面板是自由独立于 Photoshop 工作空间里面的一个面板。在这个图层里面，可以缩放图像、更改颜色、设置样式、改变透明度，等等。一个图层代表了一个单独的元素，设计者可以任意更改它。可以说图层在网页设计中起着至关重要的作用。它们用来表示网页设计的元素，用来显示文本框、图像、背景、内容和更多其他元素的基底，如图 1-11 所示。

■ 图 1-11　图层

1. 填充和不透明度

填充和不透明度是两个完全不同的选项。尽管它们经常被相同的使用方法混淆。

填充是指一个图层里背景色块所占用的百分比，这个选项一般用于形状的填充，如图 1-12 所示；另一方面，透明度是一个图层相对于其他设计图层的透明度，如图 1-13 所示。两者的区别就是填充选项不影响图层样式。

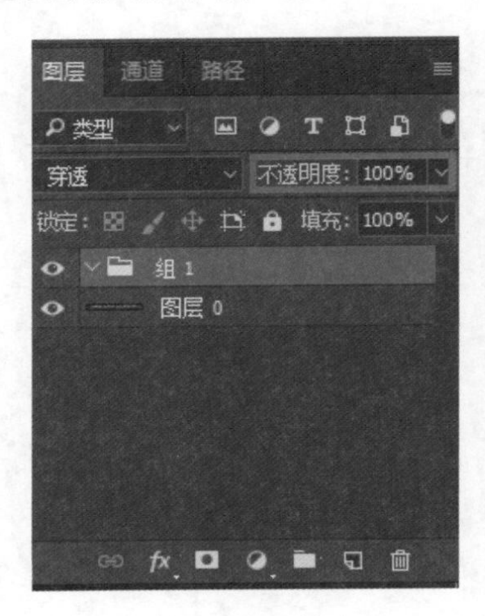

■ 图 1-12　填充

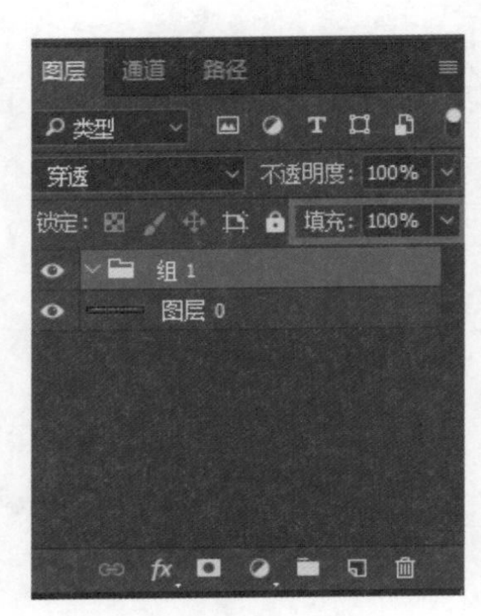

■ 图 1-13　不透明

2. 分组

在使用 Photoshop 分层时分组是最基本的内容。分组对于设计本身虽然没有很明显的作用，但是其重要性却是非常明显的。分组有助于组织图层，除了正确命名图层外，分组也能很好地对图层进行分类，从而提高工作效率，如图 1-14 所示。

3. 遮罩

遮罩是隐藏当前图层的一部分从而使得下面的图层内容被显示出来的一个功能。Photoshop 的遮罩功能可以在单独一个图层上被大量使用，如图 1-15 所示。

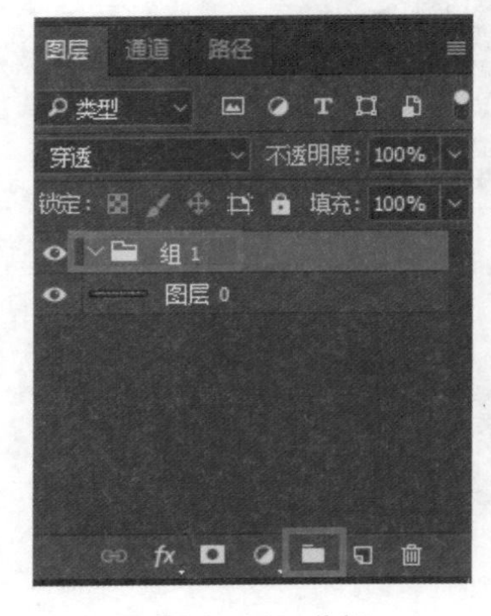

■ 图 1-14　分组

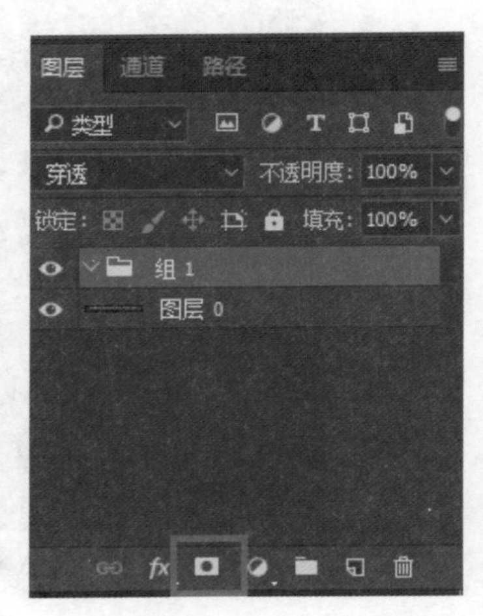

■ 图 1-15　遮罩

4. 选区

Photoshop 里面的选区选项功能实现方式有很多。可以直接单击该部分所在的图层，按【Ctrl+A】组合键移动到你想要的地方，或者使用套索工具 / 快速选择工具。其实有一个更好的方法：按【Ctrl】键并单击所要选择的图像就可以选中该图层了，如图 1-16 所示。

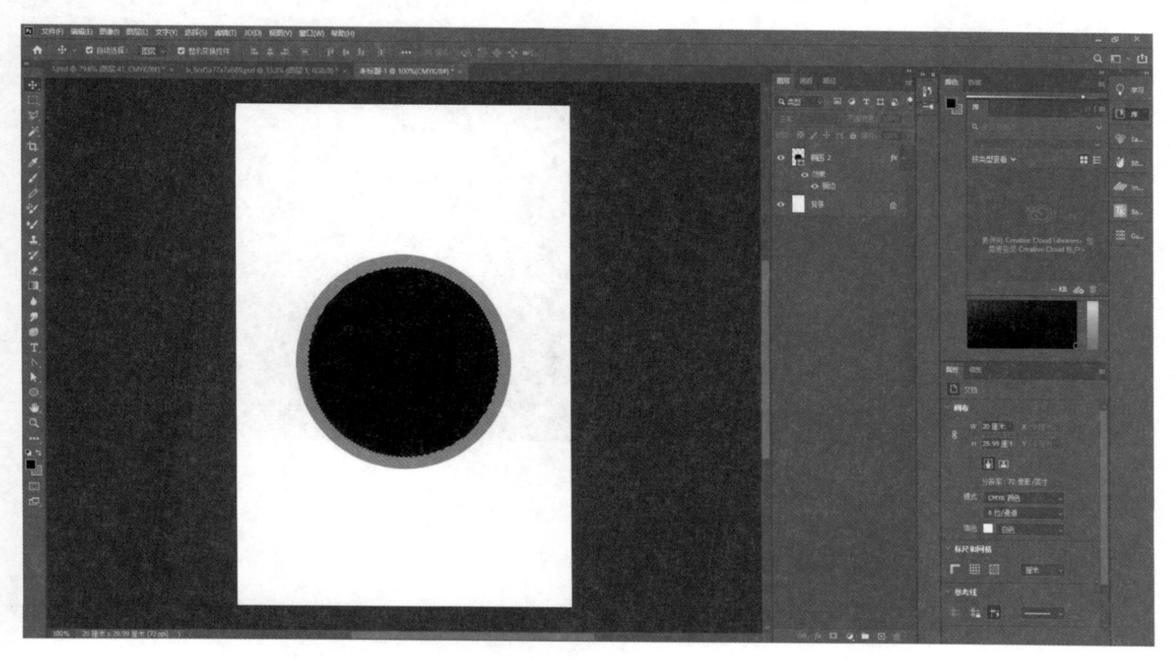

■ 图 1-16　选区

5. 图层样式

混合选项可以选择混合模式。混合模式选项允许定制背景和图层的关系以及如何补充、连接两者。除此之外，也可以选择高级选项，从整体或者单个通道来降低图层的不透明度。

斜面和浮雕：该选项可以制作出图层 3D 的效果。原理是加大图层深度，使之看起来更加“立体”。

描边：是最常用的功能。描边大大加强了图层的外观效果。可以设置描边的不透明度、颜色及其混合选项。

内阴影：给予图层一个微妙的暗层，它也可以提供深度（外阴影则是与此相反的）。

内发光：在图像轮廓的边缘内部提供了一个羽化闪光效果（外发光则与此相反）。

颜色叠加：给整张图像填满一种颜色，如图 1-17 所示。

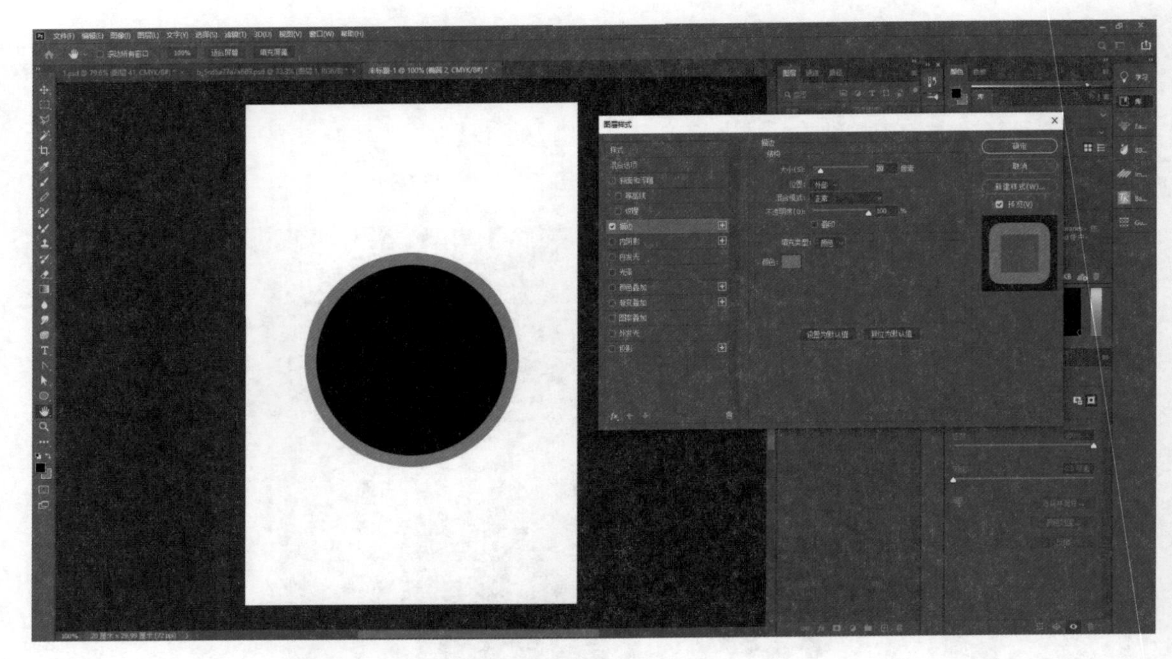

■ 图 1–17　颜色叠加

1.8 位图与矢量图的区别

1. 位图的概念

位图又称为点阵图，是一个个很小的颜色小方块组合在一起的图片。一个小方块代表一个像素（px）。在 Photoshop 中把图片放大若干倍后，就可以看到一个个的像素点，类似马赛克的效果。位图是我们在日常生活中见得最多的，比如照相机拍的照片、在计算机上看到的图片等。

2. 矢量图的概念

矢量图是由一个个点链接在一起组成的，是根据几何的特性来绘制的图像，和位图的分辨率没有关系。因此图片不管放大多少倍后也不会失真，不会出现像位图那样马赛克的样子。通过矢量图形设计软件做出的图也可以输出成普通位图，可以导出 JPG、PNG 等类型的文件。

3. 位图与矢量图的区别

与分辨率的相关性：矢量图与分辨率无关，可以将它缩放到任意大小并以任意分辨率在输出设备上打印出来，都不会影响清晰度；位图是由一个个像素点产生的，当放大图像时，像素点也放大了，但每个像素点表示的颜色是单一的，所以在位图放大后就会出现马赛克状。

色彩丰富度：矢量图色彩不丰富，无法表现逼真的实物，矢量图常常用来表示标识、图标、Logo 等简单、直接的图像；位图表现的色彩比较丰富，可以表现出色彩丰富的图像，可以逼真表现自然界各类实物。

文件类型：矢量图格式有很多，如 AutoCAD 的 *.dwg 和 *.dxf、Adobe Illustrator 的 *.AI、*.EPS 和 *.SVG、CorelDRAW 的 *.cdr 等；位图的文件类型也有很多，如 *.gif、*jpg、*.tif、*.bmp、*.pcx、*.png、 Photoshop 的 *.psd 等。

占用空间：矢量图表现的图像颜色比较单一，所以占用的空间很小；位图表现的色彩比较丰富，所以占用的空间很大。总之，颜色信息越多，占用空间越大；图像越清晰，占用空间越大。

相互转换：软件矢量图可以很轻松地转换为位图，而位图要想转换为矢量图必须经过复杂而庞大的数据处理，而且生成的矢量图质量也会有很大的出入。

本章小结

Photoshop 的专长在于图像处理，而不是图形创作。

Photoshop 的用途：平面设计、修复照片、广告摄影、影像创意、艺术文字、网页制作、绘画、绘制或处理三维帖图、婚纱照片设计、视觉创意、图标制作、界面设计。

Photoshop CC 工具箱：选择工具组、着色编辑工具组、专用工具组、导航工具组。

Photoshop CC 常用面板：菜单栏（包括文件、编辑、图像、图层、文字、选择、滤镜、3D、视图、窗口、帮助共 11 个选项）、工具箱、选项栏、控制面板。

认识 Photoshop CC 常用快捷键。

图层面板是自由独立于 Photoshop 工作空间里面的一个面板。在这个图层里，可以进行缩放、更改颜色、设置样式、改变透明度等。

矢量图使用线段和曲线描述图像，所以称为矢量图，同时图形也包含了色彩和位置信息；位图使用像素点来描述图像，也称为点阵图像。两者的区别体现在分辨率的相关性、色彩丰富度、文件类型、占用空间、相互转化等方面。

课后检测

一、填空题

1. 组成位图的基本单位是________。

2. 在 Photoshop 中，创建新图像文件的快捷键是________，打开文件的快捷键是________。

3. 在 Photoshop 中，取消当前选择区的快捷键是________，对当前选择区进行羽化操作的快捷键是________。

4. 存储动画格式时，存储的文件一般为________格式，存储的方式用“菜单”→“文件”→“________”保存。

5. 在 Photoshop 中，如果想使用矩形工具或者椭圆工具画出一个正方形或正圆形，那么需要按住________键。

二、选择题

1. 对图像的明暗度有调节作用的命令为（　　）。

A. 色相 / 饱和度和色调均化　　B. 曲线和色阶

C. 亮度 / 对比度和去色　　D. 色阶和阈值

2. 若需要将当前图像的视图比例控制为 100% 显示，那么可以（　　）。

A. 双击工具面板中的缩放工具　　B. 执行菜单命令“图像”→“画布大小”

C. 双击工具面板中的抓手工具　　D. 执行菜单命令“图像”→“图像大小”

3. 在 Photoshop 中使用菜单命令“编辑”→“描边”时，选择区的边缘与被描线条之间的相对位置可以是（　　）。

A. 居内　　B. 居中　　C. 居外　　D. 以上都有

4. 以下不属于“路径”面板中的铵钮的是（　　）。

A. 填充路径　　B. 描边路径

C. 从选区生成工作路径　　D. 复制当前路径

5. 按住（　　）键，单击 Alpha 通道可将其对应的选区载入图像中。

A. 【Ctrl】　　B. 【Shift】　　C. 【Alt】　　D. 【End】

6. 菜单命令“拷贝”与“合并拷贝”的快捷键分别是（　　）。

A. 【Ctrl+C】与【Shift+C】　　B. 【Ctrl+V】与【Ctrl+Shift+V】

C. 【Ctrl+C】与【Alt+C】　　D. 【Ctrl+C】与【Ctrl+Shift+C】

7. 下列（　　）工具可以绘制形状规则的区域。

A. 钢笔工具　　B. 椭圆选框工具

C. 魔棒工具　　D. 磁性套索工具

8. 在 Photoshop 中，批处理命令在（　　）菜单中。

A. 文件　　B. 编辑　　C. 图像　　D. 视图

9. Photoshop 中利用背景橡皮擦工具擦除图像背景层时，被擦除的区域显示为（　　）颜色。

A. 黑色　　B. 透明　　C. 前景色　　D. 背景色

10. 要使用“贴入”命令，需要先在图层设置好（　　）。

A. 选区　　B. 图形　　C. 空白区域　　D. 图像

第 2 章 常用工具操作与运用

在 Photoshop（以下简称 PS）中有非常多的工具，例如抠图需要套索工具、钢笔工具，画图需要画笔工具、笔刷工具，调整图片尺寸需要裁剪工具，等等。这些工具构成了 Photoshop 中非常重要的一个部分，熟练运用这些工具能够帮助你更好地使用这款软件，接下来我们就一起来学习部分常用工具的使用方法，以及如何应用这些工具做出我们想要的效果。

■ 图 2-1　工具栏一览

2.1 移动工具

移动工具【V】是 Photoshop 中最常用的工具之一，顾名思义，它能够随意移动画布中的元素，调整它们的位置，通常它位于工具栏中的第一位，如图 2-1 所示。

移动工具

本小节我们来学习应用移动工具进行杂志封面的排版。

1. 新建文档

杂志封面的排版

打开 Photoshop CC 软件，选择“文件”→“新建”命令，新建一个宽度为 210 毫米，高度为 297 毫米，分辨率为 300 像素，颜色模式为 CMYK，名字为“杂志封面”的文档，使用 CMYK 印刷专用模式，能保证印刷出来的画面颜色不失真，如图 2-2 所示，单击“创建”按钮。

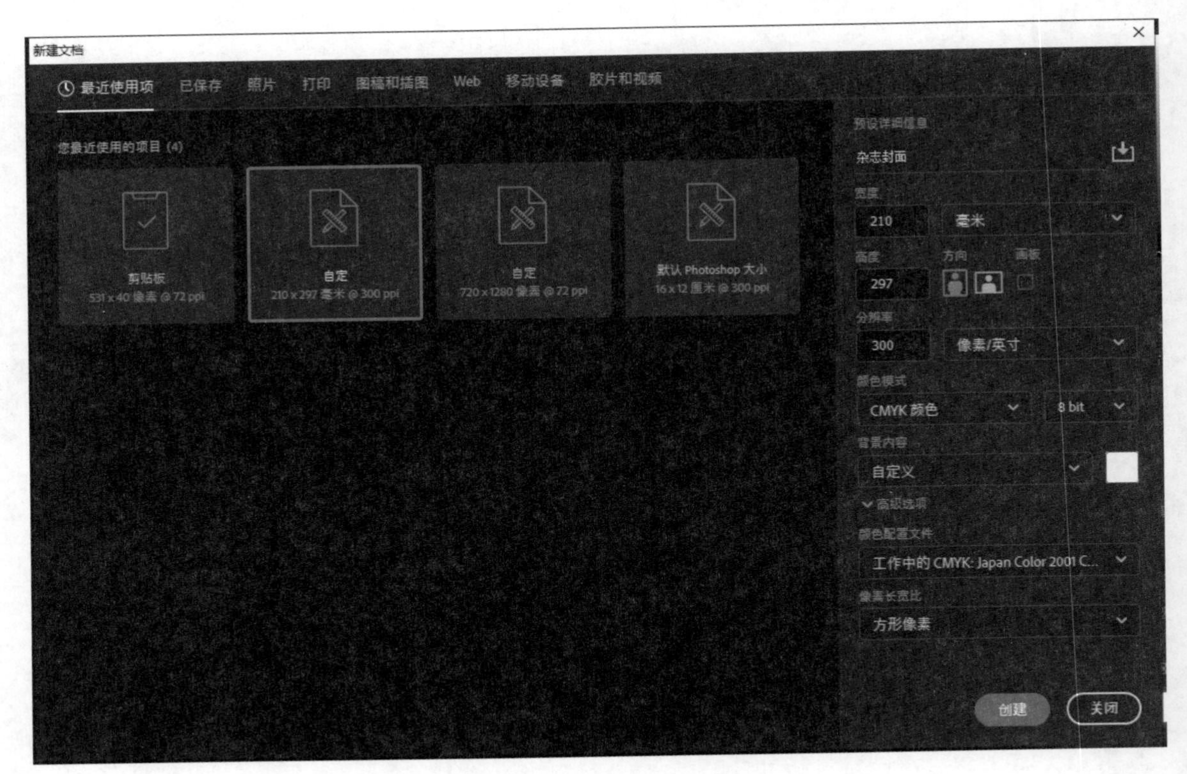

■ 图 2-2　创建相应格式的文档

2. 导入素材

素材的导入有两种方法。

① 我们可以直接将所需要的图片文件选中，按住鼠标左键将其拖入 Photoshop 中，调整其大小，然后按【Enter】键完成导入。

② 单击“文件”选项置入嵌入对象，选择相应图片文件添加到 Photoshop 中，调整大小，按【Enter】键，然后在图层面板中选中图片所在的图层，在图层名称栏上右击，选择“栅格化图层”命令，完成导入。

3. 排版

选择移动工具，将导入的素材拖动到合适的位置，单击“编辑”→“自由变换”命令【Ctrl+T】可以任意变换图片的大小，若图片不能等比例缩放，则按住【Shift】键同时缩放可以进行等比例缩放，将所有的素材调整好大小及位置之后，做出如图 2-3 所示的效果。

■ 图 2-3　杂志封面

2.2 选框工具组

所谓选框工具组，就是由几个不同的选框工具组合起来，它们分别是矩形选框工具、椭圆选框工具、单行选择工具和单列选择工具。根据不同的需求使用相应的选框工具能够大大提升工作效率。接下来我们一起学习一下选框工具的使用方法。

1. 矩形选框工具

矩形选框工具【M】是最常用的选框工具之一，顾名思义，使用这个工具画出来的选区都是矩形的。

在单击了选框工具之后，菜单栏的下面会出现这个工具的一些属性，如图 2-4 所示。

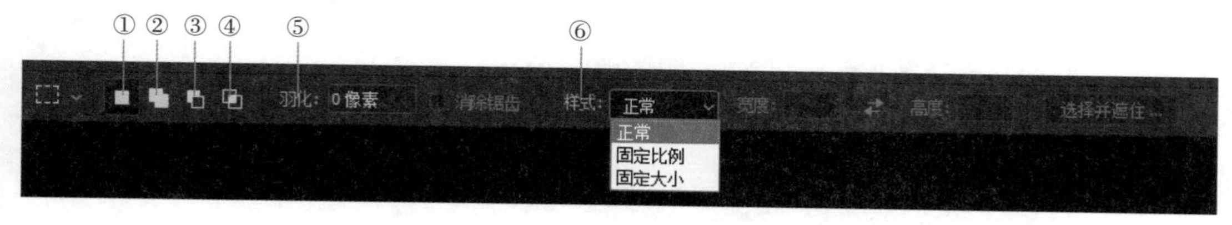

■ 图 2-4　选框工具的属性

我们直接看到左边的四个方框图标，这几个图标代表了不同的选框模式。

① 新选区：这是使用选框工具时默认选中的模式，使用这个模式能且仅能绘制一个新的矩形选区。在未绘制选区的情况下，按住【Alt】键就能够以鼠标位置为矩形的中心去绘制矩形选区，按住【Shift】键可以绘制出正方形的选区；若同时按住【Alt+Shift】组合键则能够以鼠标位置为正方形的中心绘制正方形。

② 添加到选区：简单概括就是进行多选，即可以同时绘制多个选区，并将这些选区的重合部分进行叠加，以达到扩大选区的目的。在已经绘制了至少一个选区的情况下，按住【Shift】键可以切换到这个模式，此时可以绘制多个选区，松开即回到新选区。

③ 从选区中减去：如图 2-5 所示，左图是一个单独的选区，右图则是在这个模式下绘制出的复合选区。可以看到，右图中间的部分是空白的，没有被选中。因此我们可以知道，这个模式就是在选区里做减法，它的快捷键是按住【Alt】键进行绘制，同样需要在已经绘制了至少一个选区的情况下才能使用。

■ 图 2-5　从选区中减去（右图）

④ 与选区交叉：在这个模式下进行选区的绘制，能够删除绘制区域之外的所有选区，只保留绘制区域的选区，同样需要在已经绘制了至少一个选区的情况下才能使用，快捷键是同时按住【Alt+Shift】键进行绘制。

⑤ 羽化：这个值的大小影响的是选框边缘的模糊度，当这个值越大时，选框边缘的图像就会越模糊。

⑥ 样式：样式的子选项有三个，分别是“正常”“固定比例”“固定大小”。“正常”就是默认情况下的样式，可以自由绘制选框大小；“固定比例”即选框的宽高比，宽高比为 1:1 时能够绘制出正方形选框；“固定大小”是以像素为单位的宽高比，在这个样式下绘制出的选框大小是以像素为单位固定不变的。

2. 其他选框工具

其余的三个选框工具在功能和操作上与矩形选框工具一样，只是绘制出的选框形状不同，例如椭圆选框工具，可以执行和矩形选框工具相同的操作，绘制出正圆形。在实际应用中要懂得根据需要绘制的选区形状选择相应的选框工具。

2.3 裁剪工具

裁剪工具【C】是用来裁剪图片大小的工具。如果一张图片的元素太多，而我们只需要表达其中的一部分，就可以用裁剪工具将多余的元素裁剪，如图 2-6 所示。

■ 图 2-6 裁剪前后对比

裁剪工具还有多种比例的裁剪，并且支持手动输入裁剪数值，在属性栏中能够看到详细尺寸比例，如图 2-7 所示。

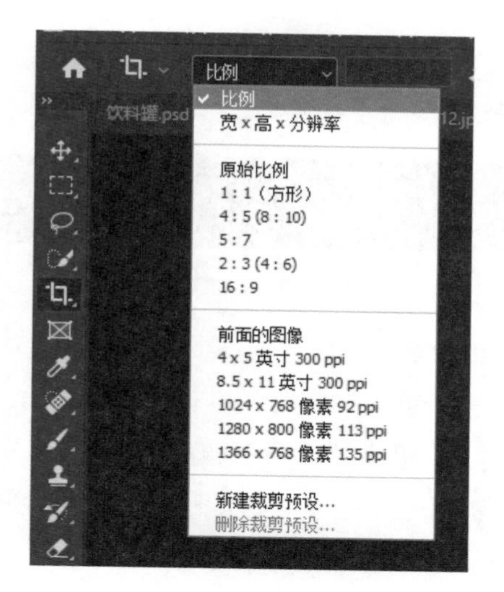

■ 图 2-7　裁剪比例

下面学习如何应用裁剪工具裁剪不同尺寸的照片，表达出想要的效果。

动感效果：需要将素材裁剪成如图 2-8 所示的样子，在汽车的前方和上方多预留一点空间，汽车的后方和下方少预留一点空间，这样能够将汽车子向前运动的样子表达出来，并且由于前方和上方的空间足够，整张照片不会给人特别压迫的感觉。

■ 图 2-8　裁剪前后对比

还有其他各种各样的表达效果，比如将照片裁剪成主体占比很大，营造出具有强烈压迫感的效果，或者一些证件照、一寸照，读者可以自己动手试一试。

2.4　画笔工具

画笔工具【B】是一个很强大的工具。选中画笔工具时，按【D】键可以将任意颜色恢复成默认颜色，即前景色为黑色，背景色为白色；按【X】键可以将前景色和背景色互换。只要发挥想象力，就可以得到很多丰富的效果。

2.4.1 画笔工具属性栏

画笔工具属性栏如图 2-9 所示。

■ 图 2-9 画笔属性栏

如图 2-10 所示，这个选项能够更改画笔的大小、硬度、笔刷形状三个属性。大小即画笔的大小。硬度即画笔的柔和程度，硬度的值越低，画笔画出来的线条越柔和。除此之外，笔刷的形状可以通过在网上下载预设进行导入，也支持自行创建预设。

在上一个选项的右边是画笔设置，在这里可以更改画笔的笔尖形状、大小抖动、散布等属性，具体可以自行尝试，如图 2-11 所示。

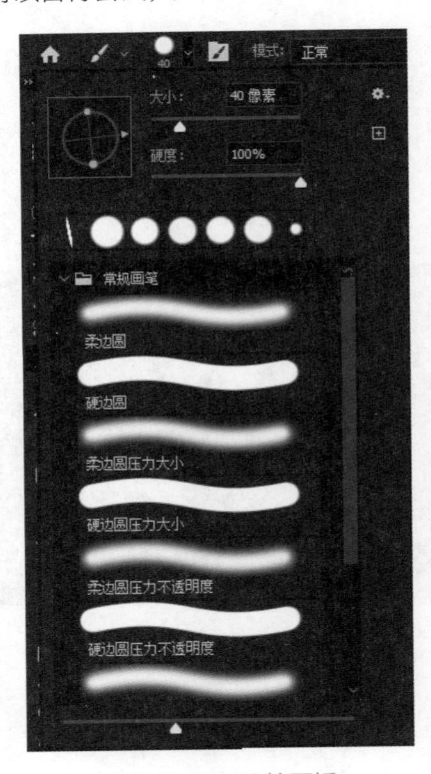

■ 图 2-10 画笔面板

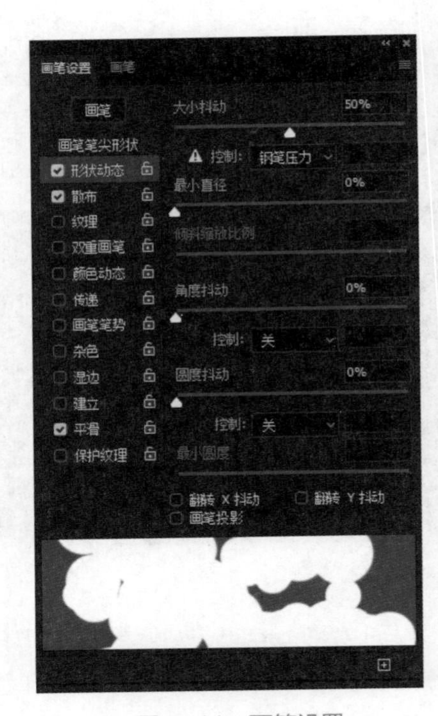

■ 图 2-11 画笔设置

接下来我们先跳过画笔模式，直接来到画笔的不透明度、流量、平滑这三个属性。

如图 2-12 所示，在“不透明度”下拉框的右边有一个图标，它与倒数第二个图标一样，单击之后能开启压力感应。若我们使用数位板，则打开此功能后能够模拟笔迹的轻重来作画，鼠标不具有此效果。而“流量”下拉框的右边也有一个图标，单击之后能够启动类似喷枪的效果，使画笔能够像喷枪一样喷出很多的点。接着是最后一个图标，启用之后能够设定一条对称轴，此时用画笔作画时将会在对称轴的两边同时作画，画出来的图形同样也是对称的。

■ 图 2-12　画笔的属性栏

如图 2-13 所示，当只修改不透明和流量中一个属性时，线条都会越来越淡，那么这两者有什么区别呢？我们打一个简单的比方，画笔的不透明度相当于墨水的浓淡，流量相当于出墨口的大小，流量管的是“画几笔才能画出当前设置的不透明度的效果”。流量为 100%，用画笔画一下就能得到当前不透明度的效果。但当流量不足 100% 时，按住鼠标不放，来回画，达到所设置不透明度的效果之后就不再叠加，除非松开鼠标再接着画。

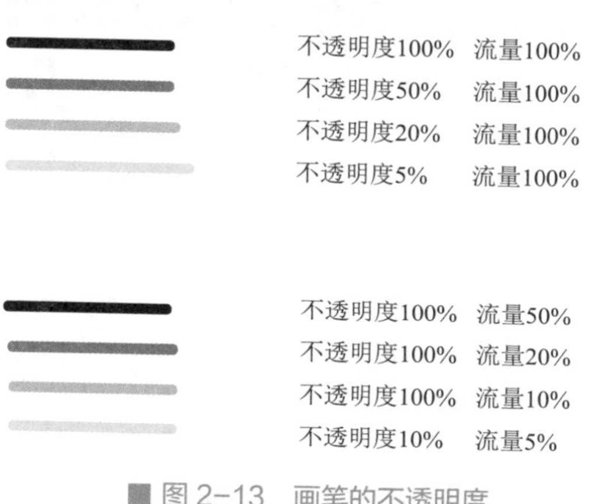

■ 图 2-13　画笔的不透明度

2.4.2　画笔工具应用

画笔的平滑度可以理解为对线条的抖动修正，这个值越高，则画出来的线条越短，越不容易有抖动的痕迹，也就是更为光滑。在使用数位板的情况下更改平滑数值效果尤为明显。

下面来学习使用其他效果的画笔来制作一个酷炫的体育海报。

（1）新建文档

打开 Photoshop CC 软件，选择“文件”→“新建”命令，以像素为单位，新建一个宽高比为 800×600，分辨率为 72，背景颜色为白色，颜色模式为 RGB 的文档。

（2）导入素材

将准备好的素材导入 Photoshop 中并调整其大小和位置。

（3）选择合适的笔刷

选择硬边圆笔刷绘制线条，选择特殊效果画笔中的“Kyle 的喷溅画笔 – 高级喷溅和纹理”制作喷溅效果，要注意的是将文字素材变成白色。具体操作是选中文字素材图层，按住【Ctrl】键单击该图层缩略图即可选中文字，按【Shift+F5】组合键可以打开填充界面，将其填充为白色，最终效果如图 2-14 所示。

■ 图 2-14　酷炫体育海报

2.5 渐变工具

渐变工具【G】是一种特殊的填充，快捷键是【G】，是一种常用工具，对于绘制图形非常重要。渐变工具的用法是按住鼠标点线拖动，就可以生成对应的渐变。它不仅可以填充图案，还可以用来填充图层蒙版和通道。渐变工具的属性栏如图 2-15 所示。

① 渐变拾色器：渐变色条中显示了当前的渐变颜色，单击右侧的下拉按钮打开下拉面板，可以从面板中选取预设的渐变类型，也可以通过面板菜单进行更多操作，如图 2-16 所示。

■ 图 2-15　渐变工具属性栏

■ 图 2-16　渐变拾色器

② 渐变编辑器：单击渐变彩条，弹出“渐变编辑器”对话框，如图 2-17 所示。它可以自定义制作任何渐变的效果，注意用色标的位置、色彩、透明度来控制渐变的效果。色标是可以自由增加或删除的。

■ 图 2-17　渐变编辑器

③ 模式：选择不同的模式，就会画出不同的渐变效果，主要是用来应用渐变的混合模式。

④ 不透明度：用来设置渐变效果的不透明度。

⑤ 反向：将渐变颜色头尾调换，从而得到反向的渐变效果。

⑥ 仿色：主要是减少带宽，减少文件大小，默认情况是勾选它，可以使渐变效果更加平滑。

⑦ 透明区域：勾选该选项可以创建包含透明度的渐变。默认情况是勾选。

除此之外，我们还能看到渐变色条的右边有五种渐变样式，分别是线性渐变、径向渐变、角度渐变、对称渐变、菱形渐变。它们的具体效果将在下一个小节中进行展示。

下面来学习如何用渐变工具制作一个粉紫渐变的效果，并了解五个渐变模式分别有什么不同。

选择“渐变”工具，单击渐变彩色条，选择“黑白实色渐变”选项，将左右两边的颜色分别设置为如图 2-18 所示的样式，单击“确定”按钮，然后选择线性渐变，在画布中拉出一条短直线，即可制作出粉紫渐变，如图 2-19 所示。径向渐变、角度渐变、对称渐变、菱形渐变、效果如图 2-20 ～图 2-23 所示。

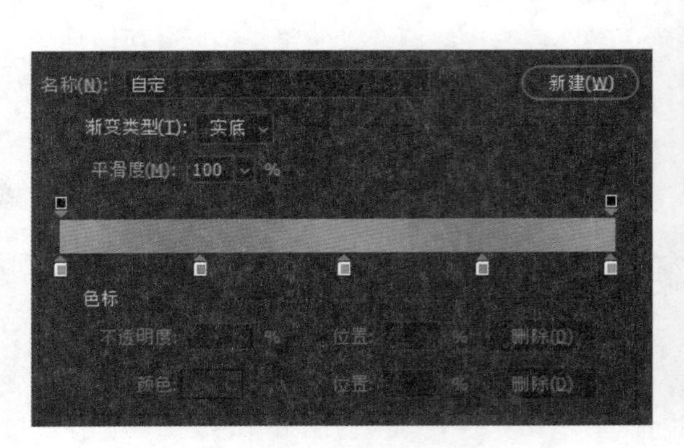

■ 图 2-18　参数调节

■ 图 2-19　线性渐变

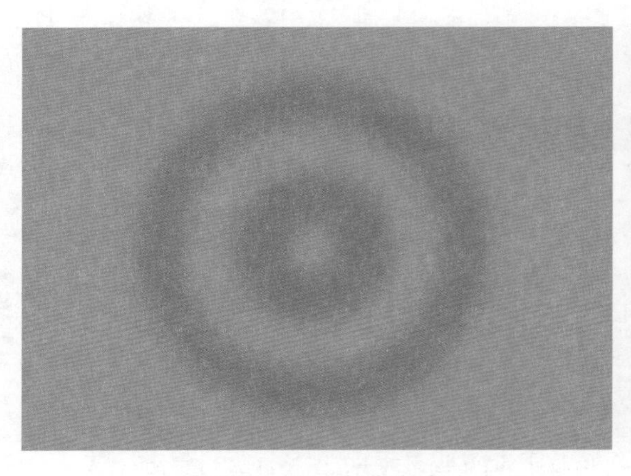

■ 图 2-20　径向渐变

■ 图 2-21　角度渐变

■ 图 2-22　对称渐变

■ 图 2-23　菱形渐变

2.6 钢笔工具

钢笔工具

钢笔工具【P】在 Photoshop 操作中是使用频率非常高的工具。它是一个矢量工具，主要功能是绘制路径，可以勾画平滑的曲线和直线，在绘图、抠图等操作中常常能够看到它的身影。开始介绍钢笔工具之前，我们先来了解下什么是锚点和路径。

① 锚点：钢笔工具在画面中每单击一次产生的点为锚点。

② 路径：两个锚点之间相连的线就是路径。

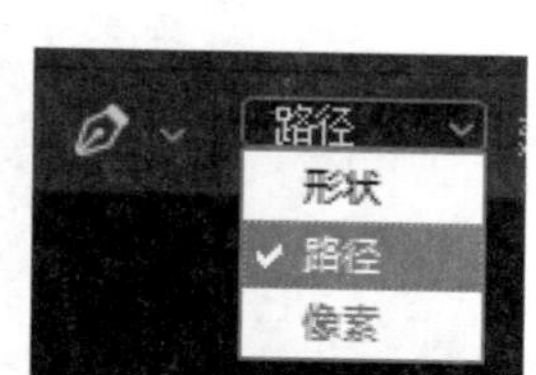

■ 图 2-24　钢笔工具属性栏

在钢笔工具的属性栏中，有形状、路径、像素三个选项，如图 2-24 所示。其中，前两个是矢量，而像素是位图，图 2-24 中它显示为灰色，不能被选中。因为钢笔工具是矢量工具，所以不能用像素来填充。形状和路径的区别如下。

● 形状：在这个模式下用钢笔工具绘制出的图形是“形状”，例如三角形、矩形等图形，并且会自动新建一个形状图层。当绘制了至少三个不在同一条直线的锚点时（如三角形的三个顶点），这些锚点就会自动生成并填充一个图形，可以通过修改填充的颜色来改变图形颜色。

● 路径：路径可以看成是没有颜色的形状，绘制完成之后不会自动生成并填充图形，需要在锚点相连后构成的闭合形状下按【Ctrl+Enter】组合键将路径转换为选区才能够进行填充等操作。

知道了这些特性之后，下面我们通过一个案例来详细了解一下钢笔工具的用法。

2.6.1 钢笔抠图

本小节我们来学习如何使用钢笔工具进行抠图操作。如图 2-25 所示，抠图对象是篮球。

选择“钢笔”工具，为篮球描边，这里有一些小技巧：

① 在绘制好的线条上单击可以增加新的锚点。

② 在没有锚点的情况下按住【Shift】键可以画出直线，在有至少一个锚点的情况下执行此操作，则线条会在最后一个绘制的锚点与最初绘制的锚点或是能够形成闭合路径的锚点之间生成。

③ 在按住鼠标左键不放的情况下拖动鼠标能够绘制出曲线。用这种方法绘制出的曲线两边分别有两个手把，按住【Alt】键单击锚点能取消其中一个手把，若按住【Alt】键单击手把则可以将其移动并且改变曲线的弧度。

④ 按住【Crtl】键可以移动锚点。

抠图操作过程如下：

首先绘制一条切线，然后在篮球上方添加一个锚点并且拖动鼠标令其变成贴合篮球的曲线。当绘制完成后如果有手把可以按住【Alt】键单击锚点取消，否则可能会导致路径方向达不到预期要求。

最后，使用这些小技巧完成描边，不要忘了头尾锚点相连才能形成闭合路径，如图 2-26 所示。

■ 图 2-25　篮球图片

■ 图 2-26　闭合路径

此时闭合路径就绘制完成了，单击属性栏左上角的建立选区，或是按下【Ctrl+Enter】键就可以将路径转换为选区，按下【Ctrl+J】组合键将选区复制一层即可将篮球抠出。

2.6.2　钢笔绘制插画

本小节我们来学习如何用钢笔工具绘制一个简单的仙人掌插画。

钢笔工具绘制插画

（1）新建文档

打开 Photoshop CC 软件，选择“文件”→“新建”命令，以像素为单位，新建一个宽高比为 800×600，分辨率为 72，背景颜色为白色，颜色模式为 RGB 的文档。

（2）绘制素材

选择“钢笔”工具，将样式更改为“形状”，填充颜色改为无色，描边颜色改为黑色，像素大小为 1，然后利用上文介绍的技巧绘制杯子和仙人掌的形状，其中仙人掌上的小刺可以选择用画笔工具来绘制，同样画笔的大小不能太大，绘制出整个形状之后选择“魔棒”工具，单击图形中的空白区域便可选中，然后使用粉色和蓝色分别填充仙人掌花和仙人掌以及杯子的杯口部分，最终效果如图 2-27 所示。

■ 图 2-27　简单插画

2.7　文字工具组

文字工具组

文字工具【T】也是常用的工具之一，一般用于各种文本文档的输入、海报设计等。文字工具组由横排文字工具、竖排文字工具、横排文字蒙版工具、竖排文字蒙版工具组成。顾名思义，所谓的横排竖排也就是横着打字或者竖着打字的区别。下面简单地介绍一下文字蒙版工具。使用文字蒙版工具打出来的字并非像文字工具那样会单独新建一个文字图层，而是作为选区存在的，这个选区的形状与所输入的文字是完全一致的，利用这个特性我们可以设计出一些非常丰富的字体效果。

1. 字体的安装及选择

字体的安装有下面两种方法。

① 将下载好的扩展名为 .tif 的字体文件放入 C:\Windows\Fonts 中即可完成安装，同时在这里也能看到当前计算机中的所有字体。

② 直接双击扩展名为 .tif 的字体文件，单击“安装”按钮，当按钮变成灰色时即可完成安装。

字体的安装并不难，需要注意的就是我们在设计不同的内容时需要选择符合内容的字体，例如一些球类运动的海报就可以选择一些比较大气、硬朗的字体，选择一个合适的字体可以起到锦上添花的作用。

2. 字体与图片的排版

在图片的排版中需要注意文字与图片的排版要将最主要的内容放在最显眼的位置，将次要的内容放在不那么显眼的位置，分清楚主次。下面通过几个案例来看看排版的重要性。

（1）体育运动

这类题材就比较适合使用硬朗、厚重风格的字体。如图 2-28 所示的字体就比较适合运动类的题材。

运动 不止步

造字工房 劲黑

■ 图 2-28　挑选字体

在字体的设计上，可以通过将字体倾斜，或为字体增加一点模糊度，来体现字体的运动感，如图 2-29 所示。

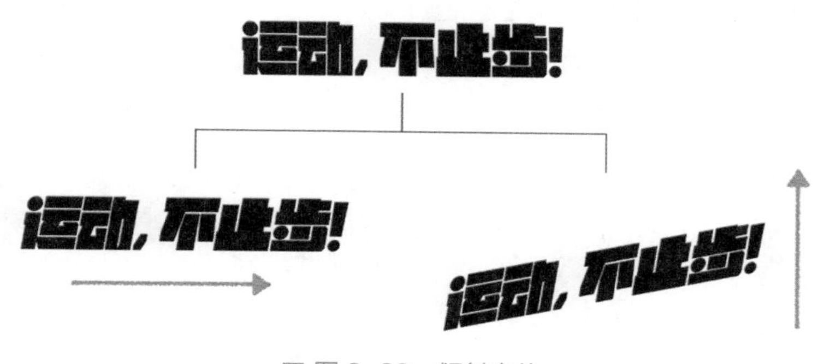

■ 图 2-29　倾斜字体

在倾斜的基础上，为字体添加材质和光感，并增加准确的英文翻译，就能拥有国际范。还可以将人物居中，尝试将字体分离开来散布在人物的两侧，以达到画面平衡的构图，如图 2-30 所示。

■ 图 2-30　最终效果

（2）食品

食品海报在生活中是常见的一类海报，合理的排版设计能够使人更有购买欲望。如图 2-31 所示，这是一个宣传中国传统美食的案例。

美食气质

宋体字形　黑体字形　圆体字形

中国美食

书法字形　宋体字形

主标题：美味真传　副标题与辅助文字可加可不加

■ 图 2-31　制作准备

在食品海报的设计中，选择一款合适的字体尤为重要，既不失美观，同时也要显得大方庄重。如图 2-32 所示的字体就比较适合用来做海报标题。

Chinese Food

美味真传　美味真传

方正清刻本悦宋简体

饮德食和·万邦同乐

■ 图 2-32　选择字体

选择好字体之后再为其添加材质和光感，与背景相融合。红黑的底色可以选用黄色的文字，切忌出现过于显眼的颜色，如图 2-33 所示。

■ 图 2-33　海报效果

还可以修改字形，但是会显得整个文字组合有些不稳，添加一个小方框将其他未修改的字形框住，以达到稳定字形的效果，如图 2-34 所示。

■ 图 2-34　修改字形

最终效果如图 2-35 所示。

关于这些内容的版式设计可以参考国内外各大报刊杂志、海报、书法作品等，这些都能作为我们的设计灵感来源。

■ 图 2-35　最终效果

3. 字体设计与版权

我们不仅能从网上下载字体，同样可以自己进行设计，使用专门的字体设计工具就可以创造出具有强烈个人风格的字体。同时要注意的是，如果将某款从网上下载的字体进行商用，需要留意该字体的版权归属，是否能免费商用，切忌因商用字体而造成侵权的问题。

2.8 形状工具

形状工具【U】顾名思义就是用来绘制各种形状的工具。右击这个工具能看到一些常见的形状，如矩形、椭圆形、多边形等，需要注意将其与选框工具区分开来。选框工具绘制的图形是选区，而形状工具绘制的是“形状”。这点与钢笔选择“形状”样式时是一样的，并且其属性栏与钢笔工具几乎相同，同时也会自动新建一个形状图层，唯一的区别是它能够选择“像素”样式。

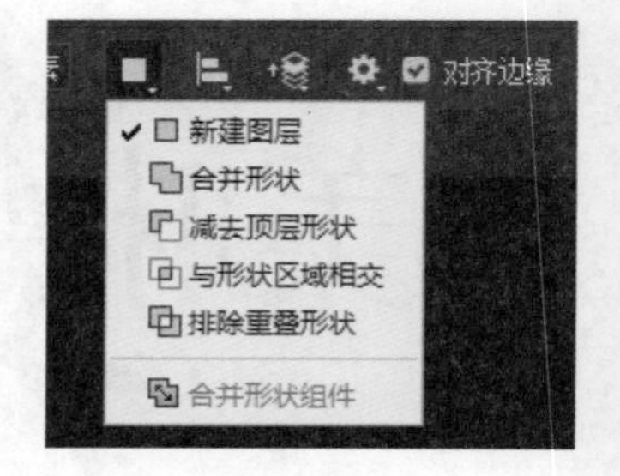

■ 图 2-36　布尔运算

2.8.1　布尔运算

布尔运算位于形状工具的属性栏的路径操作中，如图 2-36 所示，在钢笔工具的“形状”样式中，也能够看到布尔运算的菜单栏。在这个样式下，它

与形状工具能够达成的效果是完全一致的，只是钢笔工具更灵活，能绘制出更多不规则的图形，而形状工具不能。

布尔运算很像数学里的“集合”，可以在图形之间做加减。通过布尔运算就能够以较快的速度和质量得到一些复杂图形。下面我们就对这些布尔运算的法则进行详解。

（1）新建图层

顾名思义，就是每画一个新的形状时都会自动新建一个形状图层。因为每个形状都在一个单独的图层里，所以它们各自都能有不一样的颜色，如图 2-37 所示。它们也都具有图层之间的关系。

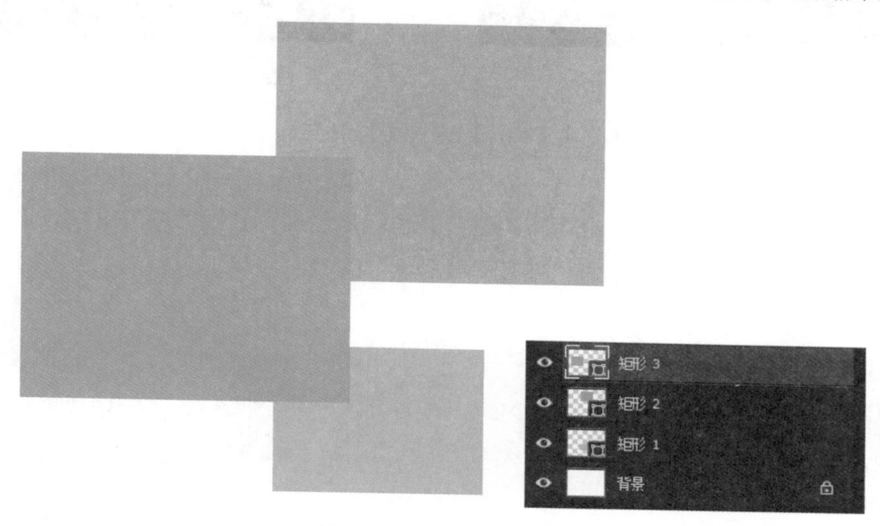

图 2-37　图层之间的关系

（2）合并形状

“合并形状”就是将两个形状合并在一起。在这个样式下绘画的形状不会自动新建一个图层，而是跟上一个形状在同一图层中。这里需要注意的是，“布尔运算”所有的运算法则一定是针对同一图层里的图形的。也就是说，只有当两个或以上的形状在同一个图层里的时候，才可以进行布尔运算。而当两个图形在同一图层里的时候，它们的颜色也是相同的。所以，在进行布尔运算之前，我们需要将进行运算的形状图层选中，合并到同一图层（按【Ctrl+E】组合键），然后再进行相应的运算。

（3）减去顶层形状

“减去顶层形状”其实跟选框工具的“从选区中减去”有着类似的效果。我们通过一个例子来看看它的使用方法和效果，注意不要忘了所有的操作都需要在同一个图层里进行。如图 2-38 所示，新建一个宽高比为 800 毫米 ×600 毫米的文档，颜色为黑色。使用形状工具，设置填充色为橙色，描边为无色，像素大小为 1，宽高均为 300 毫米，绘制一个圆形。

分别选择矩形工具和椭圆工具，路径操作为“减去顶层形状”，然后在绘制好的圆中绘制一个感叹号。此时我们可以看到在圆形中感叹号出现的部分变成了跟背景相同的黑色，也就是说这一部分的颜色被从形状中减去了，如图 2-39 所示。

■ 图 2-38　绘制圆形

■ 图 2-39　布尔运算

另外，绘制好的图形可以通过按住【Ctrl】键的同时单击选中并进行移动、更改大小和颜色等操作。

如果“减去”操作没有在同一个图层中进行，也就是说这个感叹号并没有在圆形中绘制，而是在新的形状图层中更高路径操作为“减去顶层形状”的话，就会出现这样的效果，如图 2-40 所示。

可以看到，在这种情况下，当我们选中某个图形将路径操作修改为“减去顶层形状”后，它默认的“底层形状”是整个画布，这样操作是不对的，所以一定要在同一个图层中进行所有的布尔运算。

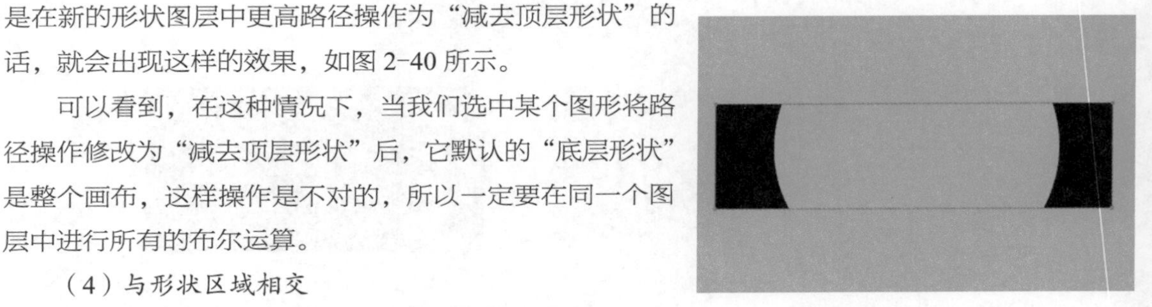

■ 图 2-40　出错的操作

（4）与形状区域相交

“与形状区域相交”就是只显示两个图形的相交部分，类似数学集合中的“交集”。我们通过一个例子来了解一下它的具体用法，如图 2-41 所示，这是一个圆形。

现在将路径操作修改为“与形状区域相交”，然后在这个圆的外面再绘制一个椭圆形与它相交，如图 2-42 所示，可以看到，显示的部分是两个圆相交的部分。

■ 图 2-41　绘制圆形

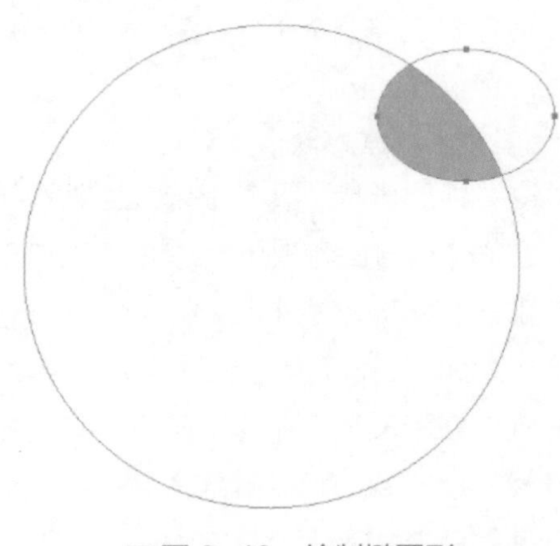

■ 图 2-42　绘制椭圆形

（5）排除重叠形状

从名字中就可以看出来，这个样式实现的效果跟“与形状区域相交”是相反的。在图 2-42 的基础上，将路径操作修改为“排除重叠形状”，就能看到两个圆相交的部分是没有颜色的，如图 2-43 所示。

接下来，可以将所学到的布尔运算应用在以下的案例中。

刚才我们说到，所有的布尔运算只能在同一个形状图层中进行，并且同一个图层中的所有形状的颜色都是同样的，那么如何添加不同颜色呢？很简单，只需要在新图层上添加颜色即可。如图 2-44 所示，这是一个用布尔运算绘制的小火箭，我们来看看它的制作过程。

■ 图 2-43　排除重叠形状

■ 图 2-44　效果

① 新建一个宽高比为 800 毫米 ×600 毫米、黑色背景的文档，选择椭圆工具，将填充颜色改为白色，描边颜色改为无色，大小为 1 像素，然后绘制一个白色的圆形。需要注意的是，按住【Ctrl】键再单击可以选中并拖动绘制好的形状来调整位置和大小，也可以使用直接选择工具来调整，如图 2-45 所示。

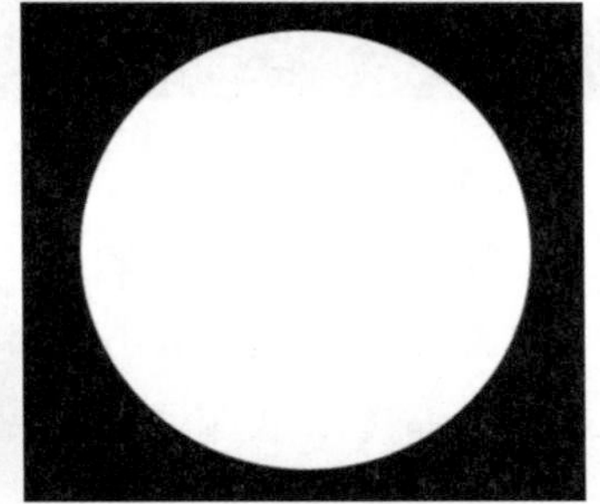

■ 图 2-45　绘制圆形

② 然后将填充颜色修改为 #00a0e9，在白色的圆中绘制一个稍小一点的圆，绘制完成之后复制一层，对复制层执行自由变换【Ctrl+T】命令将其缩小，并放置在下方，如图 2-46 所示。

③ 在形状工具、直接选择工具以及钢笔工具的“形状”样式下，同时选中这两个图层，右击小圆，选择“减去顶层形状”命令，或是在属性栏的路径操作中选择“减去顶层形状”命令就能得

到一个如图 2-47 所示的图形，选择“路径操作”→“合并形状组件”命令对组件进行合并。

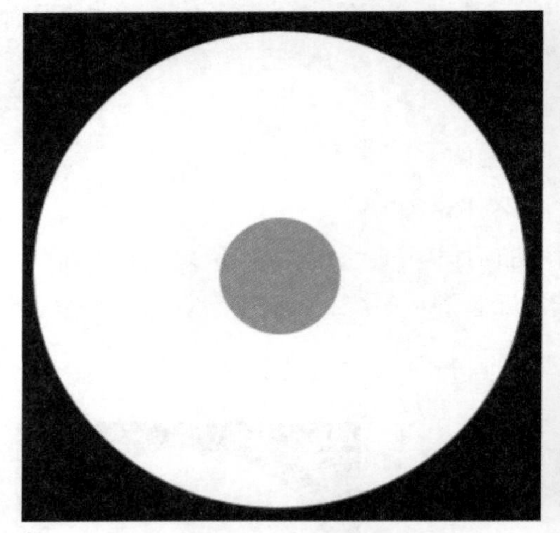
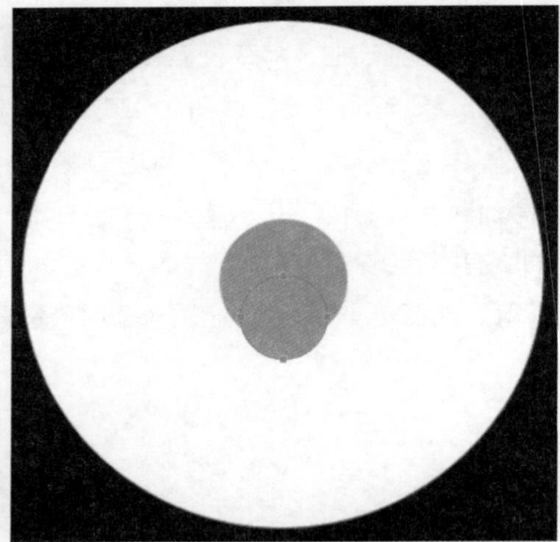

■ 图 2-46　将小圆放在大圆下方

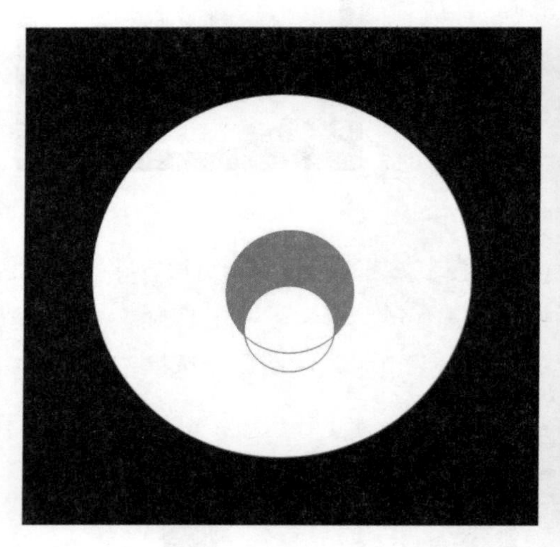

■ 图 2-47　“减去”之后“合并”

④ 使用椭圆工具再画一个圆形，放置在刚才图形的凹槽中，再使用直接选择工具或者用钢笔工具按住【Ctrl】键点选这个圆，这时会出现 4 个锚点，如图 2-48 所示。

⑤ 使用钢笔工具并同时按住【Alt】键单击最下方的锚点，也可以使用钢笔工具中的转换点工具单击，效果是一样的。之后我们就会发现圆形变成了一个扁扁的水滴。按住【Ctrl】键把这个锚点往下拉，将水滴拉长，就形成了小火箭的尾气，如图 2-49 所示。

⑥ 将尾气复制一层之后执行“自由变换”→“垂直翻转”命令，并调整其大小和位置，然后使用椭圆工具绘制一个小一点的圆形放在上面的水滴中，同时选中这两个图层执行“减去顶层形状”命令，最终效果如图 2-50 所示。至此，图 2-44 中的小火箭就绘制完成了，这是布尔运算的一个简单应用。

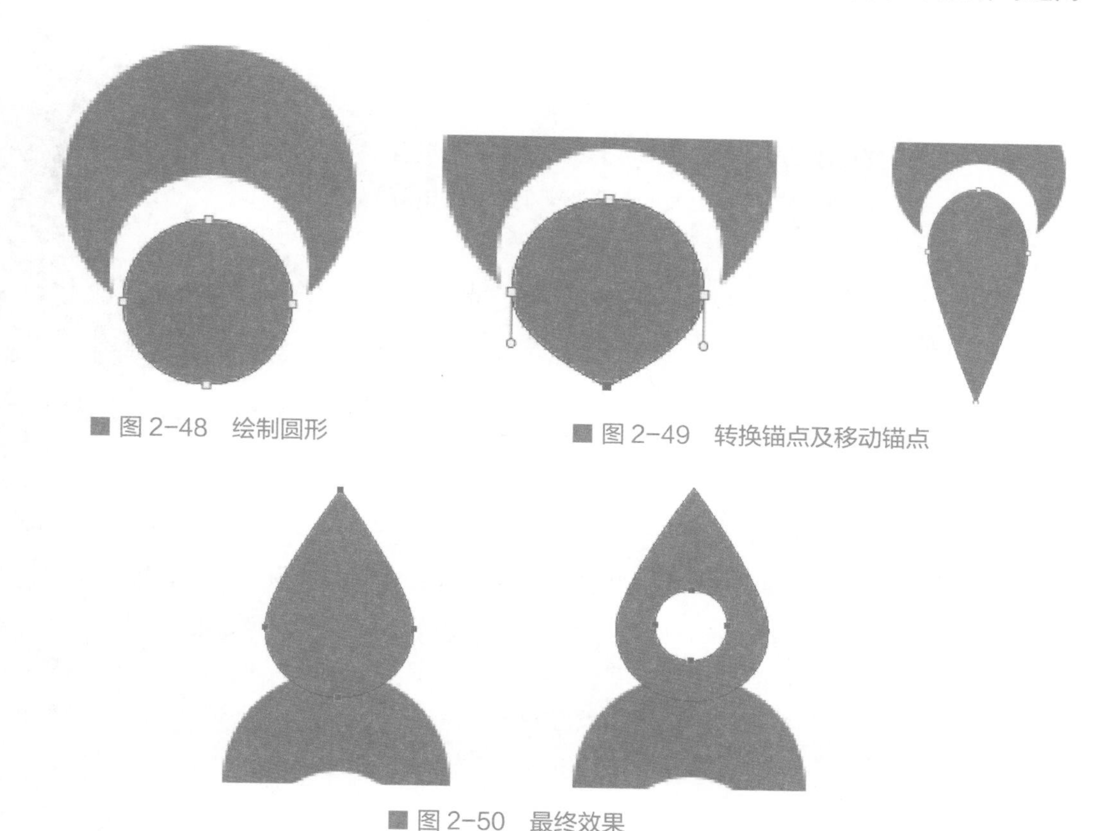

■ 图 2-48　绘制圆形

■ 图 2-49　转换锚点及移动锚点

■ 图 2-50　最终效果

布尔运算只能在同一图层中或是在同时选中多个形状图层的情况下进行，若对多个图层进行布尔运算则完成后这些图层将会被合并。在同一图层中的所有形状颜色相同，若想要有不同颜色存在则需要新建形状图层。钢笔工具的“形状”样式与形状工具在功能实现上是完全一致的，在实际的操作中应该根据需要灵活切换这两种工具。

2.8.2　形状工具绘制图标

形状工具绘制图标

本小节我们来学习如何使用形状工具绘制一个简单美观的图标。

（1）新建文档

打开 Photoshop CC 软件，选择“文件”→“新建”命令，以像素为单位，新建一个宽高比为 500×500，分辨率为 300，背景颜色为白色，颜色模式为 RGB 的文档。

（2）绘制图标

单击形状工具中的圆角矩形工具，在属性栏中将填充颜色改为 #fd6666，描边颜色改为无色，宽为 40 像素，高为 80 像素，半径为 10 像素，绘制一个圆角矩形。

绘制完成后选择椭圆工具，将布尔运算的模式改为“减去顶层形状”，在圆角矩形的中间位置按住鼠标左键，再同时按住【Alt+Shift】组合键，然后移动鼠标以光标位置为圆心绘制正圆形，放开鼠标之后就能在当前矩形中减去一块圆形。接下来选中圆角矩形的图层，按【Ctrl+J】组合键将其复制一层，按【Ctrl+T】组合键进行自由变换操作，在属性栏中将旋转角度改为 60° ，确定之后图形将会被旋转 60° ，然后同时按住【Ctrl+Shift+Alt+T】组合键可以执行复制并旋转的操作，此时就得到了一个非常对称的圆角多边形。

最后单击自定义形状工具，新建一个图层，选择合适的形状，将填充颜色改为 #66c5f6，在新图层按住【Shift】键可以等比例绘制图形，将图形调整到合适位置，最终效果如图 2-51 所示。

■ 图 2-51 重复旋转的图标

本章小结

本章主要介绍了部分常用工具的使用方法，并且也提供了一些案例供读者参考和学习。熟记这些工具的快捷键、熟练地使用这些工具能够大大提升我们的操作效率。要注意的是，同一个结果可以通过不同的工具实现，能够在不同场合中合理、高效地使用工具来达到目的也是熟练掌握 Photoshop 操作技巧的一个重要标志。最后记住这一点：这些工具都是服务于目的的，达到目的才是关键。

课后检测

1. 身为网络技术协会技术部的部长，现在你需要为新学期的招新工作准备一份海报，请使用 Photoshop 软件设计招新宣传海报，要求符合主题，突出重点。（设计关键词：科技、电子技术）

2. 请使用钢笔工具，勾勒下面两张图片的轮廓，完成抠图。

■ 图 2-52 题 2 图

3. 请使用布尔运算绘制下图中的图形，使用“减去顶层”“统一重叠处形状”等命令。

4. 请使用形状、钢笔、画笔等工具完成图标的绘制，并使用布尔运算绘制下图中的月亮。图标尺寸为 1 024 像素 ×1 024 像素，圆角半径为 90 像素。

■ 图 2-53　题 3 图

■ 图 2-54　题 4 图

第3章 常用面板和功能的使用

在上个章节中我们介绍了部分常用工具以及它们的使用方法，本章我们来继续学习一些常用面板。如果说第二章介绍的是工具入门，那么这一章可以说是进阶。在这个章节中我们会使用通道进行抠图、上色等操作，了解并学习这些常用面板的使用方法将提高操作效率，并使作品具有更强烈的个人风格。

3.1 蒙版

蒙版是非常实用的一个面板，分为图层蒙版、剪切蒙版、矢量蒙版、快速蒙版。在“图层”菜单中，我们可以找到并创建所有类型的蒙版。

（1）图层蒙版

图层蒙版位于图层面板的右下角，如图 3-1 中红框所示。

■ 图 3-1　图层蒙版按钮

那么什么是图层蒙版呢？我们可以用橡皮擦工具来理解，被橡皮擦工具画到的地方会被擦除，而蒙版也具有类似的功能，它不但能够擦除画布中的内容，还能够进行还原。下面具体介绍一下图层蒙版的创建和使用方法。

如图 3-1 所示，当选中任意图层之后单击这个面板即可为该图层创建一个白色图层蒙版，若按住【Alt】键进行单击则会创建一个黑色图层蒙版，在图层蒙版上右击可以选择停用该图层蒙版。这两个蒙版的区别如下：

白色蒙版：为当前图层创建白色蒙版时，图层中的内容不会有任何变化，也就是说白色蒙版表示的是“显示”当前图层的内容。若使用黑色画笔在白色蒙版上涂抹画布中的内容，则在当前图层中被涂抹的内容会被隐藏。如图 3-2 所示，招财猫的耳朵被隐藏了。

■ 图 3-2　白色蒙版

黑色蒙版：与白色蒙版相反，黑色蒙版表示的是“隐藏”当前图层的内容，若使用白色画笔在黑色蒙版上涂抹画布中的内容，则在当前图层中被涂抹的内容则会被显示。如图 3-3 所示，除了耳朵和一部分面部区域之外其他的都被隐藏起来了。

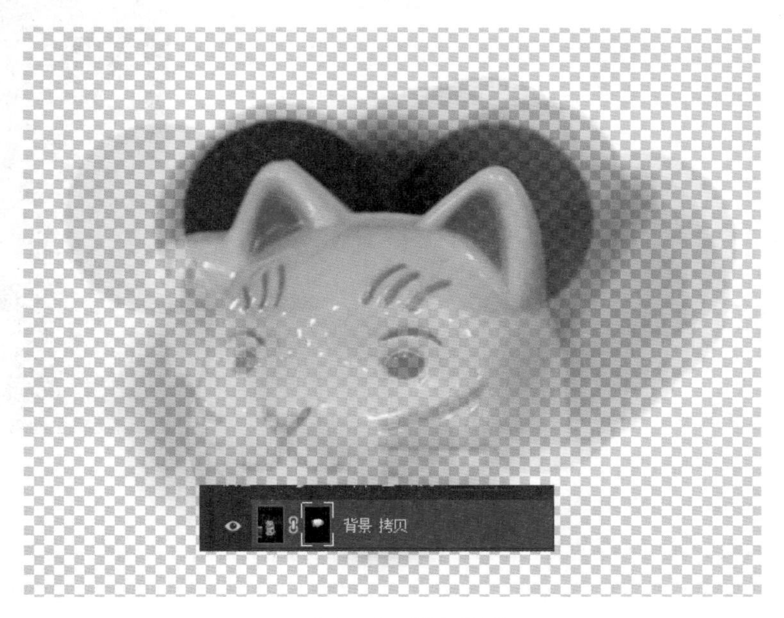

■ 图 3-3　黑色蒙版

也就是说，这两个蒙版是相反的关系，用一句话概括就是“黑透白不透”，即黑色蒙版会将应用该蒙版的图层隐藏起来，若要显示图层内容则需要用白色画笔涂抹黑色蒙版；反之，白色蒙版不会隐藏图层内容，若用黑色画笔涂抹白色蒙版就能隐藏图层内容。

搞清楚黑白蒙版的关系能够帮助我们更好地处理图片，在不同的情况下根据需求灵活使用这两种蒙版。

（2）剪切蒙版

我们用一个案例来介绍一下什么是剪切蒙版。首先用文字工具输入一些黑色的文字，接着创建一个新图层，使用渐变工具拉出粉紫渐变，则文字就会被颜色图层挡住，这时我们按住【Alt】键将光标移动到文字图层和颜色图层的中间，如图 3-4 所示，当光标的图标改变时单击，即可创建剪切蒙版。最终效果如图 3-5 所示。

■ 图 3-4　移动光标

Photoshop

■ 图 3-5　剪切蒙板效果

可以看到，原本黑色的文字变成了渐变的粉紫色，用一个简单的图层关系来说，就是在做剪切蒙版的两个图层中，位于下面的图层提供显示的形状，位于上面的图层提供显示的内容。利用剪切蒙版可以制作出一些文字与图片、人物轮廓与图片之间意想不到的效果。

（3）矢量蒙版

我们同样通过一个案例来了解一下矢量蒙版，将原图层复制一层之后隐藏复制层，选中原图层对其执行“滤镜”→“模糊”→“高斯模糊”命令，数值自定，接着显示复制层，使用钢笔工具，选择“路径”样式抠出雪人的头部，然后按【Ctrl】键单击蒙版按钮，即可创建蒙版图层，效果如图 3-6 所示。

■ 图 3-6　矢量蒙版效果

可以看到，只有雪人的头部显示出高斯模糊的效果。矢量蒙版的好处是只能够使用矢量工具的“路径”样式来进行绘制，并且在之后可以随时修改路径中的锚点，调整路径形状。

（4）快速蒙版

这是四个蒙版中相对来说比较简单的一个，它位于工具栏最下面，快捷键是【Q】，如图 3-7 所示。

我们仍然通过这个雪人来了解一下它的作用，重新导入雪人的图片，按【Ctrl+J】组合键复制一层，在复制层上按【Q】键进入快速蒙版模式编辑，此时复制层会显示为红色，这代表着该图层已经进入了编辑状态。使用黑色画笔涂抹雪人的头部，它的头部会显示为红色，如图 3-8 所示，若使用白色画笔涂抹红色区域则会消去红色区域，使之变成原本的样子。

用黑色画笔将整个头部涂抹完成后按下【Q】键退出编辑状态，则会选中除了涂抹区域以外的区域，如图 3-9 所示，若要选中头部则执行“选择”→“反选”命令【Shift+Ctrl+I】即可。

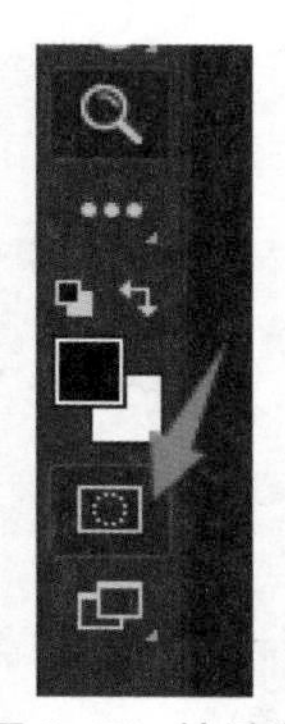

■ 图 3-7　快速蒙版

■ 图 3-8　头部显示红色

■ 图 3-9　选中区域

从这些操作可以看出，快速蒙版也可以作为抠图工具的一种来使用，在连接了数位板的情况下可以极大地提升抠图效率和精度。

以上就是四个蒙版的区别以及它们各自的应用场景和使用方法。

3.1.1　为窗外添加景色

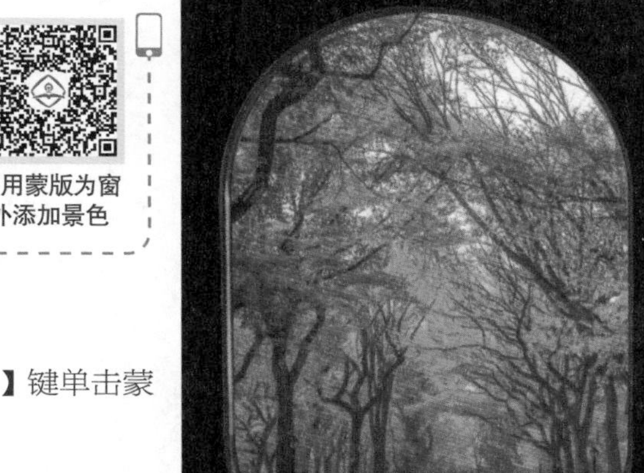

■ 图 3-10　窗外景色效果

本小节我们来学习使用蒙版为窗外添加景色。

（1）导入素材

将所需素材导入到 Photoshop 中，调整位置及大小。

（2）添加黑色蒙版

选中需要添加的景色所在的图层，按住【Alt】键单击蒙版按钮添加黑色蒙版，将其隐藏。

（3）添加景色

使用钢笔工具，选择“路径”样式将窗外的景色沿着窗口外边缘描出，然后单击建立选区【Ctrl+Enter】，再执行“选择”→“反选”命令【Shift+Ctrl+I】选中窗外景色，填充为白色，则景色被成功地添加到窗外，最终效果如图 3-10 所示。

3.1.2　背景合成

本小节我们来学习使用蒙版进行背景的合成。

（1）导入素材

将准备好的城市和马匹素材导入到 Photoshop 中，重命名马匹图层为“剪影”。

（2）制作背景

为“剪影”图层添加一个白色蒙版，然后使用黑色画笔，将不透明度调整为 50%，流量为 30%，笔刷硬度为 50%，笔刷大小不固定，需要随时调整，然后开始在蒙版上小范围、多次涂抹，目的是精确隐藏除了马匹之外的内容。在马匹的周围涂抹时需要注意将笔刷减小，小心操作，若不小心涂抹到了马匹，则换回白色画笔再次涂抹即可恢复显示，最后注意添加阴影，最终效果如图 3-11 所示。

■ 图 3-11　使用蒙版隐藏前后对比

3.2 通道

通道可以看作是另外一种图层，分别由红、绿、蓝三个通道组成。在通道里可以通过颜色信息或者透明度区域信息把图像分成若干个层次，这样便于调整图像色彩、用通道抠图或为图片上色。

通道可以通过“窗口”→“通道”打开，也可以直接在图层面板上单击通道，如图 3-12 所示。当用 Photoshop 打开一张图片时会默认选中 RGB 通道，即红、绿、蓝三个通道叠加在一起。

■ 图 3-12　通道

3.2.1 使用通道为婚纱照抠图

使用通道抠图，其实就是利用了通道的一个特性，即将通道载入为选区时，会选中画面中亮度大于 50% 的灰，比 50% 的灰更亮的是白色，也就是说通道会选中的是画面中亮度更高的地方，而婚纱通常是白色，因此我们只需要将不需要选中的地方压暗，需要选中的地方提亮，就可以轻松抠出所需要的人像。

（1）导入素材

将所需素材导入到 Photoshop 中，调整位置及大小。

（2）选择通道

单击通道面板，在红、绿、蓝三个通道之间进行单击，查看画面中的黑白反差。对于婚纱类人像来说，通常是红色通道的亮度最高，所以我们可以直接选择红色通道。在修改通道的过程中，需要注意最好不要修改三原色通道，所以需要将红色通道拖动到面板右下角的“+”按钮上，复制一层红色，这样就可以在复制通道上进行操作，而不会对原通道的颜色产生影响了。

（3）调整色阶

选中复制出来的红色通道，选择“图像”→“调整”→“色阶”命令【Ctrl+L】，打开色阶调整面板，移动左右滑块，将白色的地方提亮，黑色的地方压暗，如图 3-13 所示。

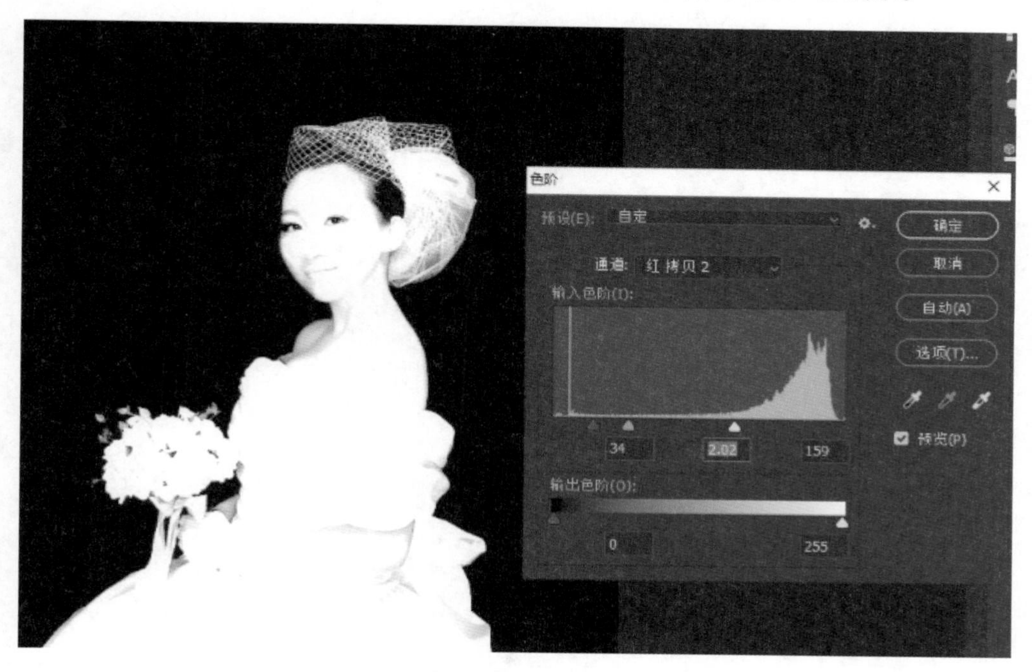

■ 图 3-13　调整色阶

然后使用白色画笔将人物的眼睛、头发、肩膀等地方涂白，不需要的地方涂黑，接下来就可以按住【Ctrl】键单击这个通道的缩略图选中画面中白色的地方，也可以单击通道面板右下角的第一个“将选区载入为通道”按钮。

（4）抠出人物

单击 RGB 通道，回到图层面板中按【Ctrl+J】组合键复制一层，新建一个图层填充为任意颜色，放置在复制层的下方便于观察。

（5）这时人物头部的婚纱还有些灰色，我们再回到图层面板中，按住【Ctrl】键单击蓝色通道的缩略图，此时选中白色的婚纱部分，然后单击 RGB 通道，回到图层面板中，按【Ctrl+J】组合键复制一层放置在最上面，并调整色阶，将婚纱提亮。我们会发现人物整体偏白，解决方法就是添加一个白色蒙版，并使用黑色画笔将除了婚纱头部之外的区域全都擦除，包括人物的脸部和身体，最终效果如图 3-14 所示。

■ 图 3-14　消除头部婚纱的灰色

3.2.2　使用通道为老照片上色

本小节我们来学习使用通道为老照片上色，老照片通常是黑白的，没有太多的颜色构成，接下来就介绍一下如何使用通道为老照片分区上色。

（1）导入素材

将所需素材导入到 Photoshop 中，调整位置及大小。

（2）抠图

使用小节 3.2.1 中介绍的通道抠图法将这朵花的花瓣、花蕊、花苞、背景分别抠出，可以用快速选择工具、蒙版等工具来辅助抠图。

（3）上色

回到图层面板中，在对应抠出部位的图层选择“图像”→“调整”→“曲线”命令【Ctrl+M】，分别为各个部位上色。

在这里介绍一下如何用曲线调整出自己想要的颜色。首先，曲线中有 RGB、红、绿、蓝这几个通道，而 RGB 通道由红、绿、蓝三通道叠加而成，在黑白照片中调整 RGB 通道只会更改画面中的对比度关系，不会对颜色造成影响，因此如果我们需要用曲线来上色，则需要对红、绿、蓝三个通道进行单独调整。

然后我们需要知道红绿蓝三原色所对应的三基色——青、品、黄，例如，将红通道的曲线往下压就是减少红色，那么与之相对应的青色就会增加；将绿通道的曲线往下压就是减少绿色，则品红色（洋红）就会增加，蓝色与黄色也是类似。

现在假设花瓣是青蓝色，花蕊是橙色，花苞是紫色，背景是绿色，则曲线的三通道具体调整方法如下：

花瓣：在红通道中将曲线整体往下压增加青色，在蓝通道中将曲线整体往上拉增加蓝色，即可得到青蓝色。

花蕊：在红通道中将曲线上拉增加红色，在蓝通道中将曲线下压增加黄色，即可得到橙色。

花苞：在红、蓝通道中分别将曲线上拉，可以得到紫色，若需要饱和度更高的紫色，则在绿通道中将曲线下压，同时观察 RGB 通道就会发现，红通道和蓝通道重合的部分就是紫色。

背景：在绿通道中将曲线上拉，红、蓝通道中将曲线下压，可以得到绿色。

具体将曲线下压和上拉多少才合适则需要多次调整，这样才能得到比较好的效果。

上色的难点在于抠出需要上色的部分，以及需要了解颜色是如何用三原色（红、绿、蓝）和三基色（青、品、黄）叠加得到的。

最终效果如图 3-15 所示。

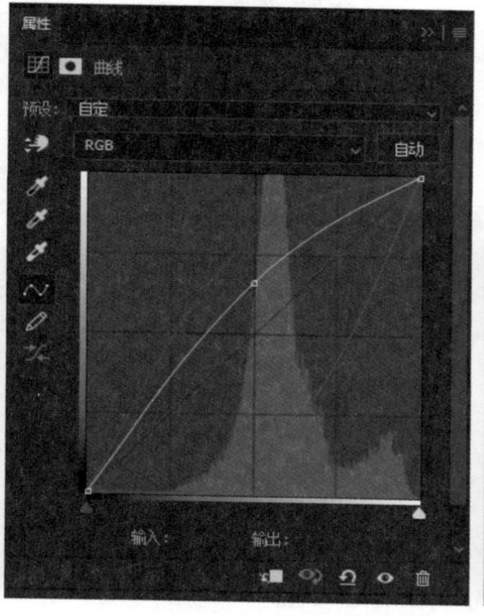

■ 图 3-15　花瓣上色示意图及最终效果

3.3 滤镜

滤镜主要是用来实现图像的各种特殊效果，它在 Photoshop 中具有非常神奇的作用。所有的滤镜都按分类放置在菜单中，使用时只需要从菜单中执行该命令即可。可以在图像中创建云彩图案、折射图案和模拟的光反射。

由于滤镜的种类非常多，如果将每一种滤镜都介绍的话将需要大量的篇幅，因此在这里我们只通过一些案例来了解滤镜的使用方法，看看滤镜能对图片产生什么作用。

下面来学习使用滤镜将照片变成油画的风格。

（1）导入素材

将所需素材导入到 Photoshop 中，调整位置及大小。

（2）执行油画操作

选择“滤镜”→“风格化”→“油画”命令，在油画面板中调整各项参数（数值不固定，仅供参考），最终效果如图 3-16 所示。

■ 图 3-16　油画风格

3.4 调色

调色是 Photoshop 创作中非常具有风格化的一项操作，通过改变图片中的色调能够使图片观感更好或更具个人特色。下面介绍能够帮助我们调色的一些工具。

3.4.1　色阶、曲线、调整面板的使用

（1）色阶

该面板位于“图像”→“调整”→“色阶”【Ctrl+L】中，它是图像亮度的一个指标。在数字图像处理过程中，指的是灰度分辨率，表现为图片的明暗关系，在 3.2 小节中粗略介绍了它的使用方法。色阶的面板如图 3-17 所示。

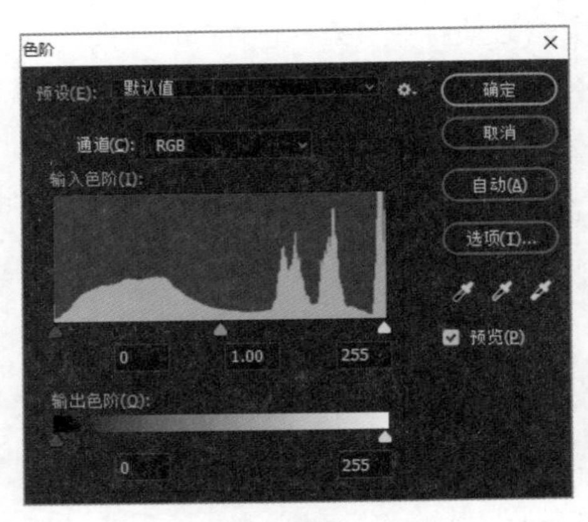

■ 图 3-17　“色阶”面板

① 预设：色阶面板中提供多种预设，如较暗、较亮等预设，这些都可以直接调用来改变图片

的明暗程度。

② 通道（比较常用的功能）：在色阶面板里的通道，它不但可以调整整个画面的颜色强度，比如默认选中 RGB 通道，这个就是针对整个画面进行调整的，而且还可以针对红、绿、蓝这三种单通道进行画面调整，比如选中绿通道时，再调节色阶，会使整个图片更加突出绿色。

③ 输入色阶：通过输入某个值来改变图片的明暗程度，该直方图用二维坐标表示画面像素的发光强度的分布情况。输入色阶的主要功能就是合并黑场 / 白场来改变黑场和白场的比例。

④ 输出色阶：限定了黑场 / 白场的最高值，通俗地说就是对最高级和最低级做一个输出限定。默认值是 0 ～ 255，也是最大的区间范围，我们可以自定义想要的区间范围，调整区间范围后，图像的像素都会重新计算，导致图片明暗效果有所变化，使用时要多加注意。

⑤ 自动：单击自动按钮后，这时系统会根据该图片自动生成比较适合的色阶，这个功能还是比较简单实用的。

⑥ 三个吸管：右边的三个吸管可直接在图像上取样设置黑白灰场，其实就是吸取画面的某个区域的亮度，从而来改变整个画面的明暗程度。

（2）曲线

该面板位于“图像”→“调整”→“曲线”【Ctrl+M】中，这是一个非常强大的工具，任何改变画面中明暗关系以及颜色的操作都可以用到它。“曲线”面板如图 3-18 所示。

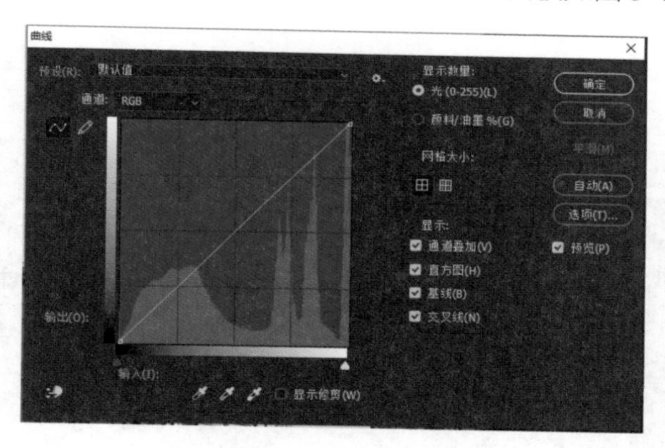

■ 图 3-18　“曲线”面板

在曲线中，预设、通道、输入输出等功能与色阶是类似的。下面我们一起来了解一下曲线中的直方图。

在曲线的直方图中需要注意三点，分别是这条斜率为 1 的线的头尾两个点和中点（图中未标明）。

其中，画面左下角的点代表了画面中的黑场信息（阴影），右上角的点代表了白场信息（高光），而中点代表了灰度信息（中间调）。当拉动曲线或者点的时候就可以对曲线进行调整，若曲线的斜率调整大于 1，则会造成画面对比度增加，即亮的地方更亮，暗的地方更暗。反之，若曲线斜率小于 1 则画面对比度会减小，亮的地方变暗，暗的地方变亮。

在线上单击可以创建新的调整点，这样可以只针对其中的某一小段进行局部的调整，而不会过多影响到画面整体。

（3）调整面板

单击“图像”→“调整”打开该面板，它是一些功能的集合，刚才说到的色阶和曲线都是它的子集，调整面板中有非常多的效果，例如色相 / 饱和度、可选颜色等。

可以这么说，调整面板就是用来改变图片中的影调关系的一项功能。例如，色相 / 饱和度能改变画面中各颜色的色相、饱和度、明度；可选颜色能单独针对画面中的红绿蓝青品黄中的某个颜色修改它的色相，做色调统一时非常有用。

3.4.2 ins 风图片调色教程

所谓的 ins 风，就是外网社交平台 Instagram 上一些具有某种色调风格的图片，例如糖果色、黑金色、冰蓝色等网红色调都可以称为 ins 风。接下来我们就一起了解一下 ins 风的图片应该怎么调出来。

ins风图片调整

先介绍一下 Camera Raw 滤镜，它位于“滤镜”→“Camera Raw 滤镜”，本质上是一个滤镜插件，能对我们的调色有很大帮助。这个插件在 Photoshop CC 版本中自带，但是早期版本中需要从 Adobe 官网自行下载安装。

（1）导入素材

将所需素材导入到 Photoshop 中，调整位置，并裁切至合适大小。

（2）调色

将原图复制一层，打开 Camera Raw 滤镜，界面如图 3-19 所示。

■ 图 3-19　Camera Raw 滤镜界面

观察那些糖果色的照片我们不难发现，这种类型的图片色调偏暖，画面整体偏亮，阴影较少，对比度低。于是我们就拉动右边的滑块，调整画面中的曝光、对比度等选项，如图 3-20 所示，这样基本的影调就确定了，数值仅供参考，不需要死记硬背。

■ 图 3-20　调整曝光、对比度等选项

接着调整画面中的色相、饱和度、明度，通过观察发现，糖果色是暖色调偏橙红，冷色调偏青蓝，因此我们需要拉动滑块将画面中的暖色调尽量往橙红偏移，冷色调往青蓝偏移。然后降低无关颜色的饱和度，增加或减少各颜色的明度，效果如图 3-21 所示。

■ 图 3-21　调整色相、饱和度、明度

然后为图片中的高光和阴影重新上色，单击分离色调，将高光的色相值改为 45，阴影的色相值改为 210，然后分别增加它们的饱和度，拉动中间的平衡滑块可以让画面更加偏向高光或者阴影色调，如图 3-22 所示。

■ 图 3-22　调整高光、阴影

最后是收尾工作，可以继续调整校准以及设置其他各项属性直到满意为止，最终效果如图 3-23 所示。

■ 图 3-23　最终效果

不论是人像照还是风景照，不同的色调赋予了不同的观感和情感表达，比如低对比高饱和的暖色调能体现出梦幻、温柔、治愈的感觉，而高对比低饱和的冷色调更能体现硬朗、大气、扎实的感觉。

调色最终是为照片的情感表达服务的，同样的照片在不同的色调下有着不同的情感表达，选择合适的那一个进行调色，而不是为了调色而调色。

3.5 图层样式

图层样式是 Photoshop 中的一项图层处理功能，它的功能非常强大，能够简单快捷地制作出各种立体投影，各种质感以及光景效果的图像特效。与不用图层样式的传统操作方法相比较，图层样式具有速度更快、效果更精确，更强的可编辑性等优势。

功能界面如图 3-24 所示，分别有三种打开方式：

① 选择菜单栏中的“图层”→“图层样式”命令。

② 右击图层，选择“混合选项”命令。

③ 双击图层名字右边的空白处。

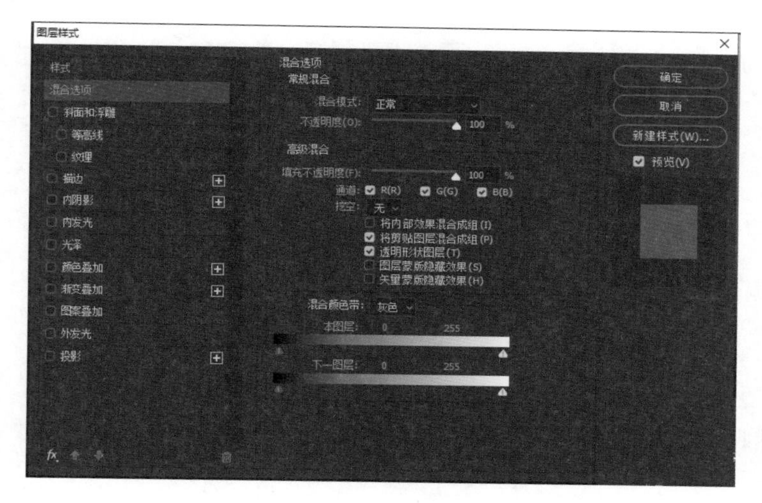

■ 图 3-24　图层样式

3.5.1 图层样式功能介绍

混合选项

图层样式中有非常多的功能，下面我们一起来详细了解一下部分功能的作用。

1. 混合选项

在这里主要介绍一下其中的高级混合。

（1）通道

通道分为红（Red）、绿（Green）、蓝（Blue）三个通道，这个模式的 RGB 打勾的意思是，这个图层显示了 R 通道、G 通道、B 通道。去勾的意思是指，隐藏本图层的这个通道，显示下个图层的这个通道。

（2）挖空

让我们直接通过更有说服力的案例来了解挖空的具体应用。

首先我们插入一张图片，在图片上面输入文字，如“图层样式功能介绍”，然后把字体大小、颜色设置好，效果如图 3-25 所示。

■ 图 3-25　效果

设置好文字以后，对文字图层进行复制。使用矩形工具绘制一个白色矩形放置在文字拷贝图层和文字图层中间。选中文字复制图层和矩形图层执行“编组”命令【Ctrl+G】，如图 3-26 所示。

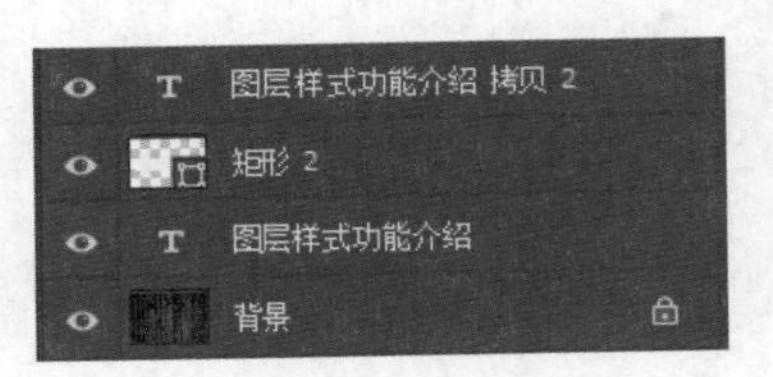

■ 图 3-26　调整图层

将组展开，在文字复制图层上面打开图层面样板式。在混合选项里面设置参数。将填充不透明度调为 0%，把挖空选项设置为“浅”。我们还可以添加一个内阴影，投影，具体可以凭自己的喜好。如图 3-27 所示，单击“确定”按钮。

最后可以使用移动工具，在属性栏中选择右边的“图层”修改为“组”，然后执行自由变换操作【Ctrl+T】，我们的挖空文字就制作成功了，最终效果如 3-28 所示。

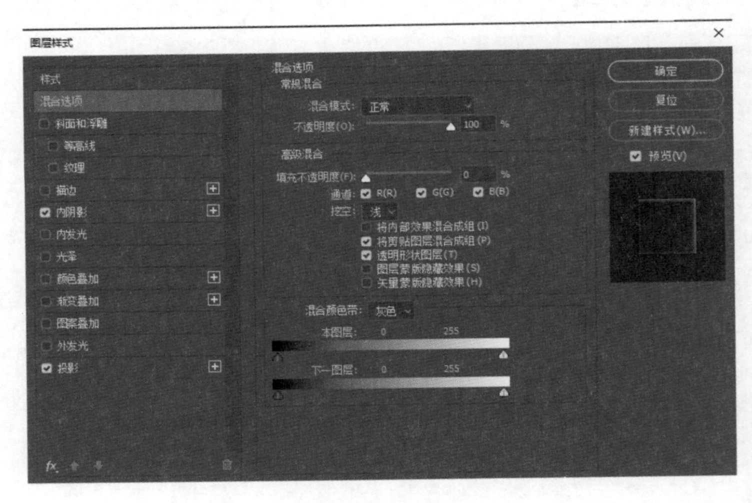

■ 图 3-27

■ 图 3-28　挖空文字效果

（3）混合颜色带

“混合颜色带”是一个可以只针对图层中的灰、红、绿、蓝色单独调整不透明度的功能。我们通过一个案例来了解一下这个功能。

新建两个图层，一个填充红色，一个填充黑白渐变，渐变层置于红色层的上方，如图 3-29 所示，此时是看不到图层 1 的。

■ 图 3-29　新建图层

在图层 2 的空白处右击混合选项，打开图层样式面板，找到混合选项中的混合颜色带，将颜色改成灰色，拖动“本图层”左右两边的滑块可以看到图层 2 中的部分颜色会被直接隐藏掉，下层的红色就显现出来了，如图 3-30 所示。

同时我们还能看到颜色过渡非常生硬，若按住【Alt】键再拉动滑块则能够产生柔和的过渡，如图 3-31 所示。

而“下一图层”的操作也是同样的，区别在于，对下一图层的操作产生的效果是“显现”而不是隐藏。它会穿过上层，把下面图层中的一定的色阶内容显现到上面来，如图 3-32 所示。

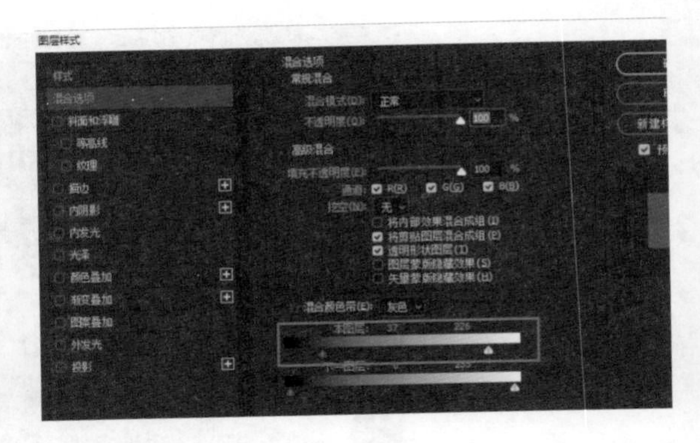

■ 图 3-30　拉动滑块

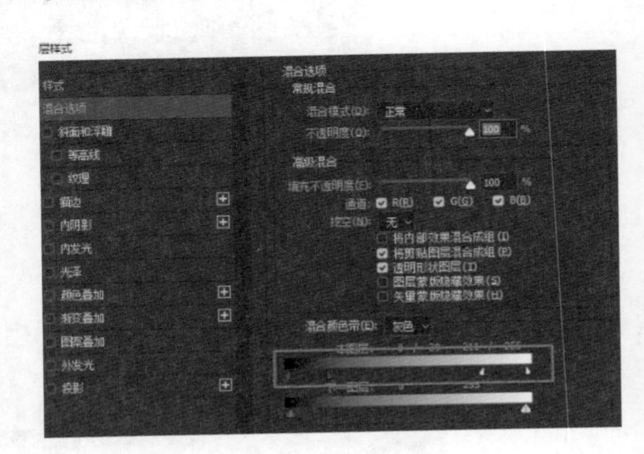

■ 图 3-31　柔和过渡

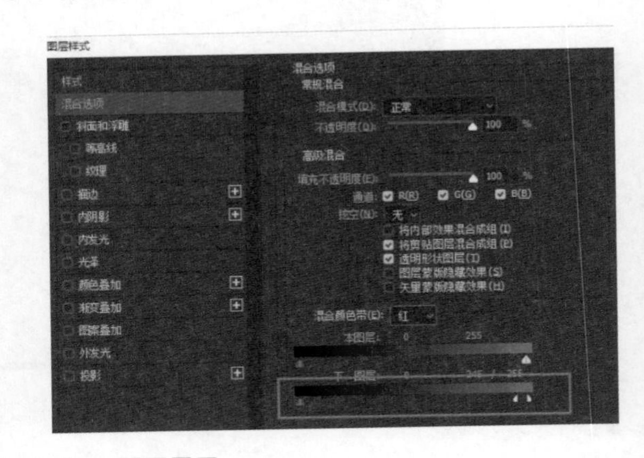

■ 图 3-32　图层显示

2. 斜面和浮雕

这个功能通常用来制作图形的浮雕效果以增强立体感，如图 3-33 所示。

3. 描边

就如同它的名字一样，这个功能主要的作用就是描边，它可以很轻松地为图形勾勒轮廓，如图 3-34 所示。

■ 图 3-33　斜面和浮雕

■ 图 3-34　描边

4．内阴影

一般地，内阴影是在 2D 图像上模拟 3D 效果时使用，通过制造一个有位移的阴影，让图形看起来有一定的深度，如图 3-35 所示，可以通过修改角度来调整阴影的位置。

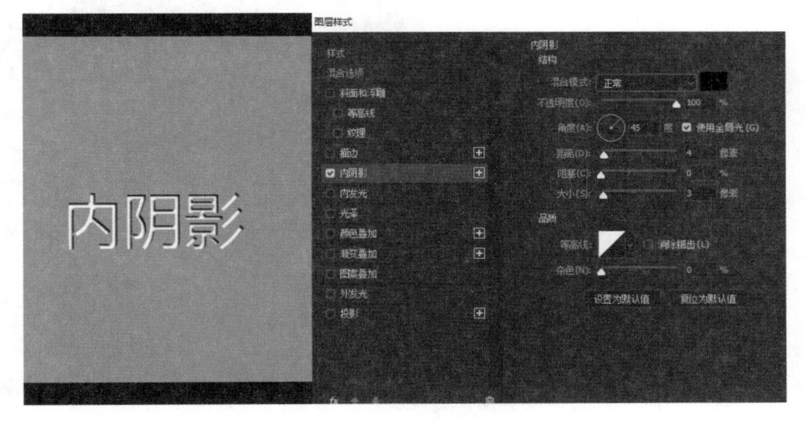

■ 图 3-35　制造阴影

5. 内发光、外发光

这两个功能放在一起介绍，是因为它们的功能是一样的，只是产生的位置不同，一个是在图形轮廓内，一个是在轮廓外。如图 3-36 所示，上为内发光，下为外发光。

■ 图 3-36　内发光和外发光

6. 颜色叠加、渐变叠加、图案叠加

颜色叠加：Photoshop 颜色叠加工具能够很好地用其他颜色替换图层本身的颜色，使图片效果看上去更加完善，其优势是保护了图层原本的颜色不受损坏，如图 3-37 所示。

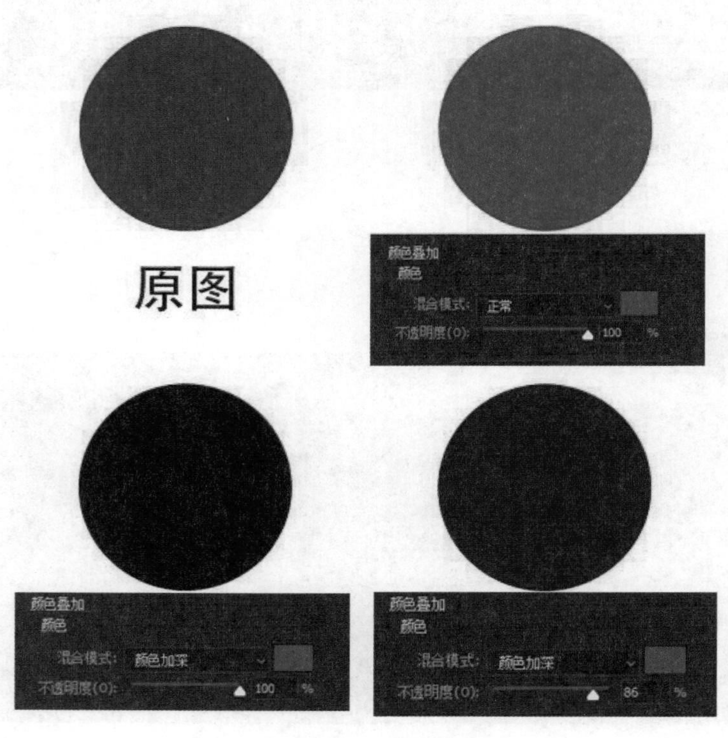

■ 图 3-37　颜色叠加

渐变叠加：其原理和颜色叠加一样，都是在图层上加一种颜色，只不过这里的颜色不是单一的，而是有各种颜色。并且这些颜色按照一定的规律排列起来，就形成了渐变，如图 3-38 所示。

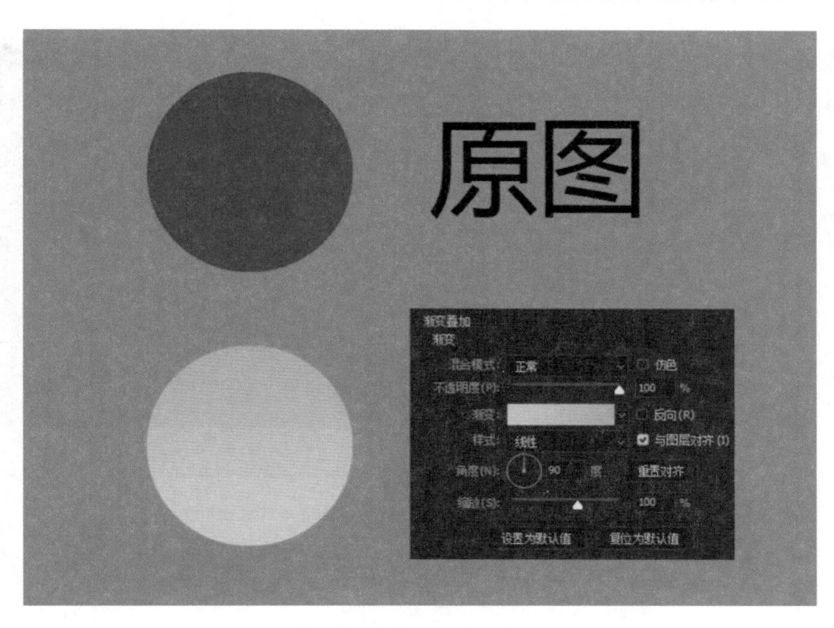

■ 图 3-38　渐变叠加

图案叠加：和前两个叠加一样，都是在图层上添加一个样式，只不过这里不添加颜色了，而是添加图案，用图案来覆盖这个图层，如图 3-39 所示。

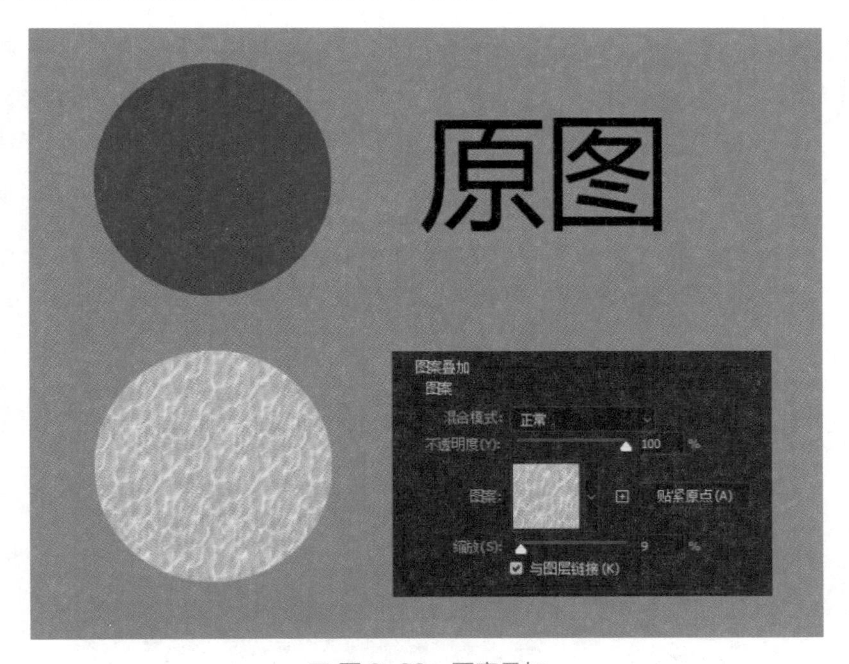

■ 图 3-39　图案叠加

7．投影

这个功能可以使图形在平面上产生投影，增强立体感，如图 3-40 所示。

■ 图 3-40　投影

这些功能都可以组合起来同时启用，只要在对应的功能选项前打勾即可，不需要用到的时候可以取消勾选，就能取消功能；带有加号的功能可以复数创建，单击加号之后可以再创建一个相同的功能供我们使用，而新创建的功能其各项参数全都是独立于原来而存在的，比如说，我们可以有两个不同参数的内阴影，灵活使用这些功能能为我们的图片带来奇妙的效果。

3.5.2　制作逼真的相机图标

制作逼真的相机图标

本小节我们来学习制作一个逼真的相机图标，本章中介绍的工具和功能都将派上用场。

① 新建一个以像素为单位，宽高比为 800×600，背景色为 #c5c3c6 的文档。

② 选择圆角矩形工具，绘制一个 280 毫米×280 毫米，圆角半径为 50 像素的圆角矩形，命名为底座，并为它添加图层样式，如图 3-41 所示，效果如图 3-42 所示。

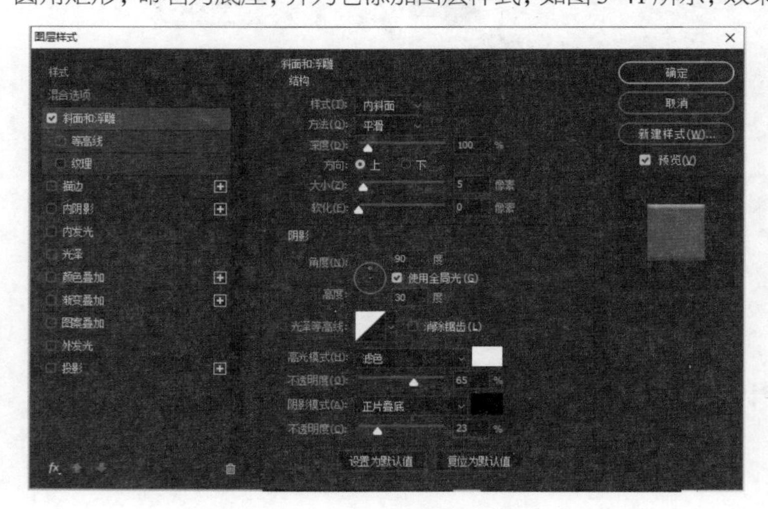

■ 图 3-41　添加图层样式

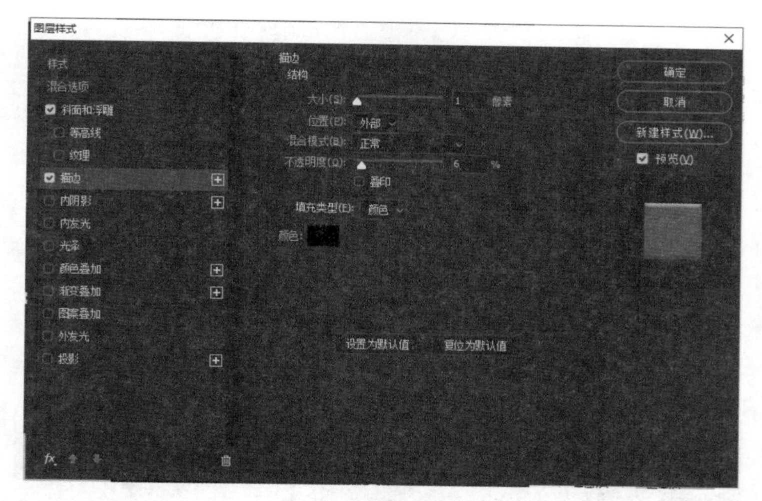

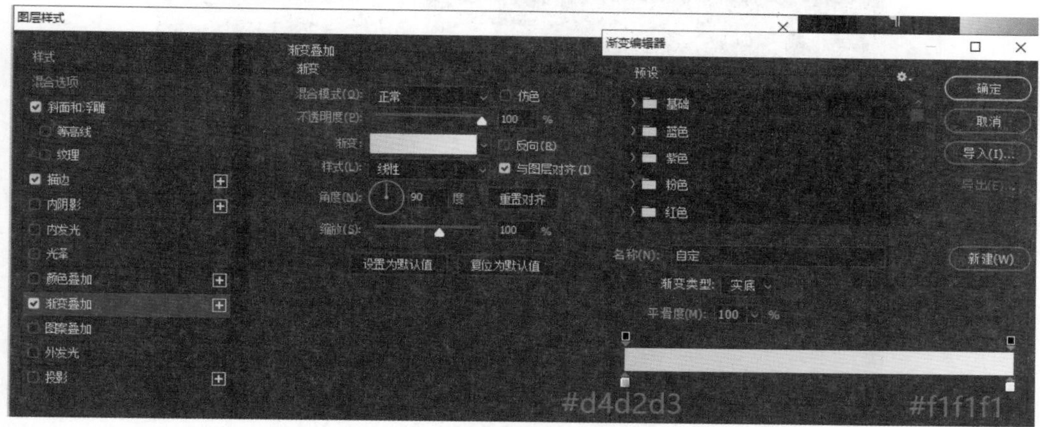

■ 图 3-41　添加图层样式（续）

■ 图 3-42　效果 1

③ 选择矩形工具，绘制一个 85 毫米 × 280 毫米的矩形，命名为绿条，添加渐变叠加，渐变条两边的颜色分别是 #13321a 和 #3e845，其他不变，调整位置，效果如图 3-43 所示。

④ 选择椭圆工具，绘制一个 170 毫米 × 170 毫米的圆，并添加如图 3-44 所示的图层样式，渐变条两边的颜色分别是 #989898 和 #ffffff，调整位置，效果如图 3-45 所示。

■ 图 3-43　加绿条后效果

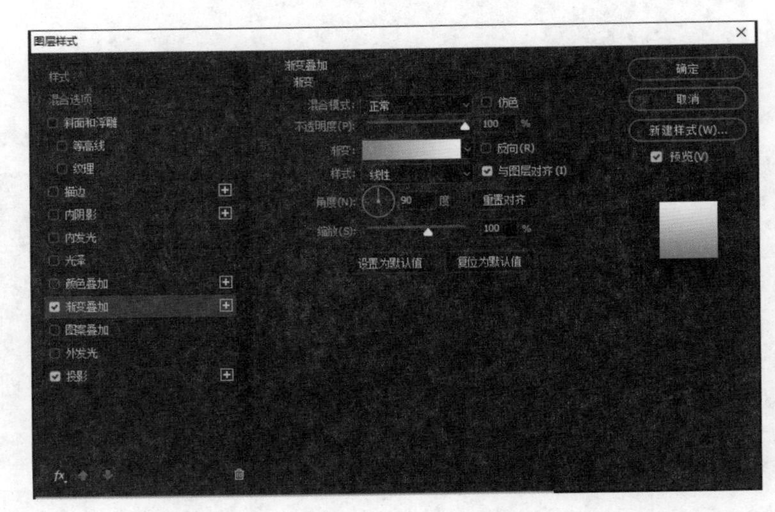

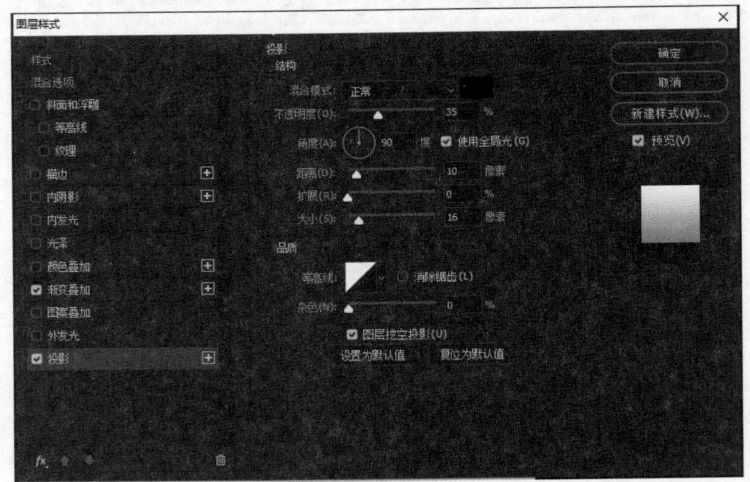

■ 图 3-44　添加图层样式

⑤ 选择椭圆工具，绘制一个 150 毫米×150 毫米的圆，并添加渐变叠加，渐变条两边的颜色分别是 #f0f0f0 和 #5d5c5c，调整位置，效果如图 3-46 所示。

■ 图 3-45　设置渐变条颜色后效果

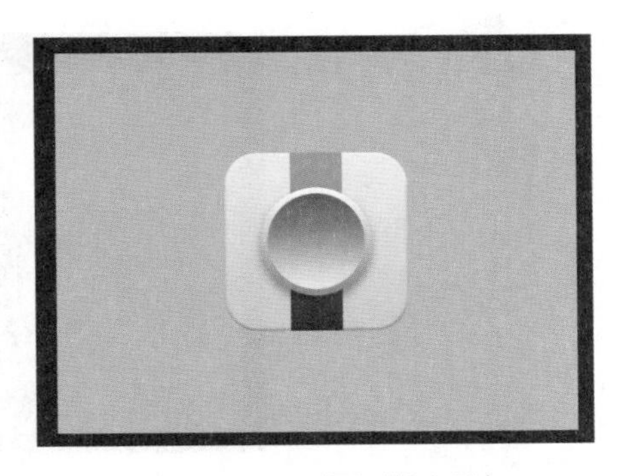

■ 图 3-46　添加渐变叠加

⑥ 选择椭圆工具，绘制一个 135 毫米 × 135 毫米的圆，并添加如图 3-47 所示的图层样式，调整位置，效果如图 3-48 所示。

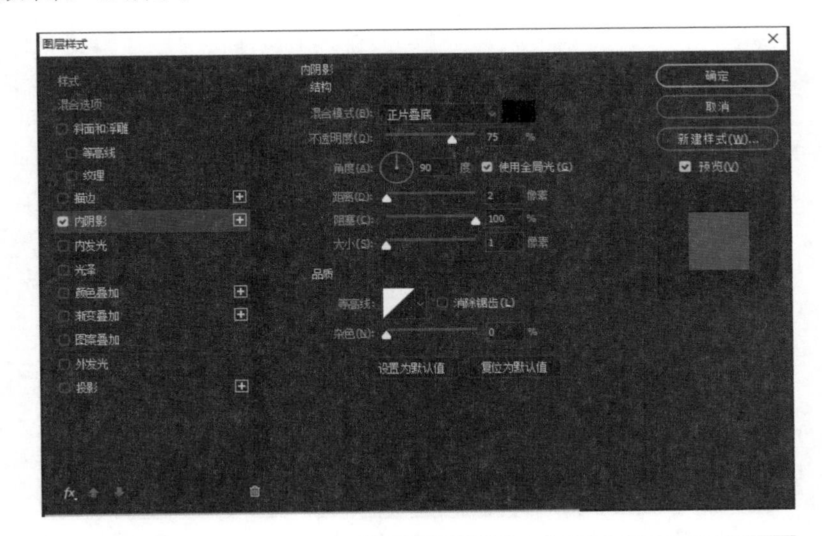

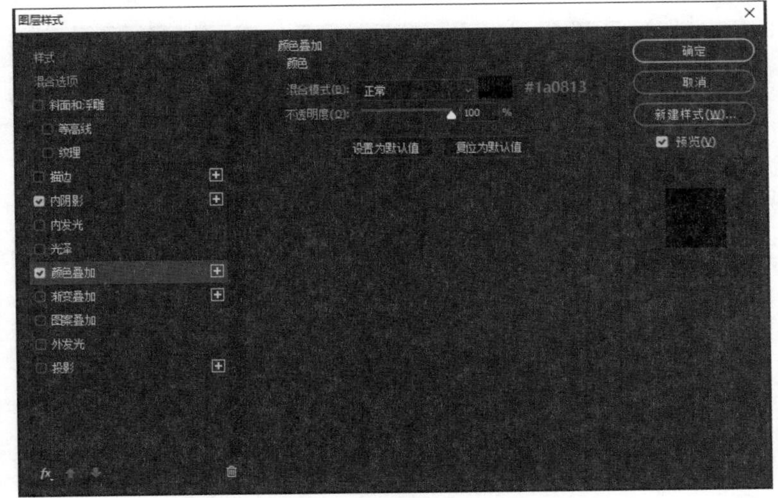

■ 图 3-47　添加新图层样式

■ 图 3-48　效果 2

⑦ 选择椭圆工具，绘制一个 115 毫米 × 115 毫米的圆，并添加如图 3-49 所示的图层样式，渐变条两边的颜色分别是 #281a22 和 #140e0e，外发光的颜色为 #ffffbe，调整位置，效果如图 3-50 所示。

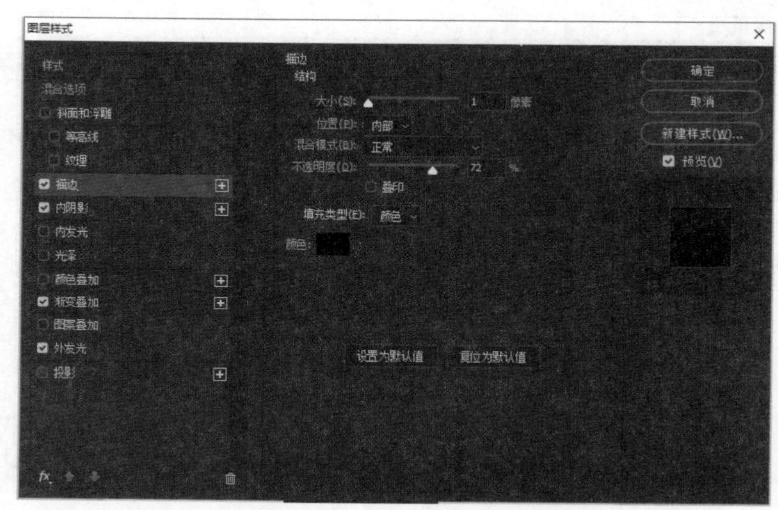

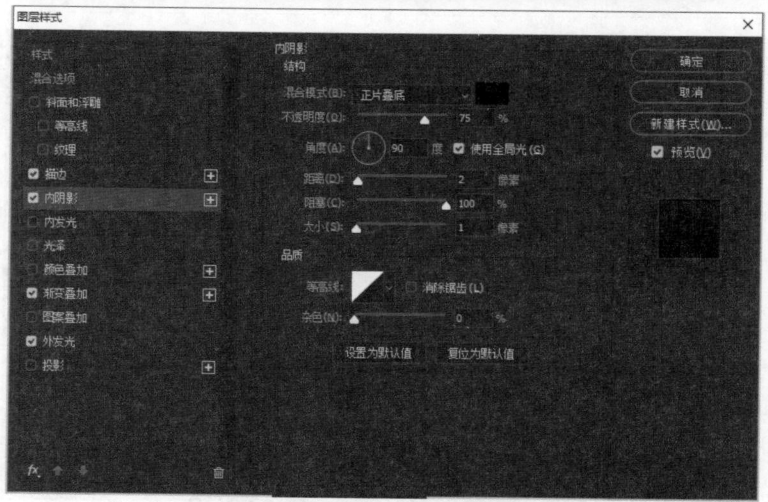

■ 图 3-49　添加新图层样式

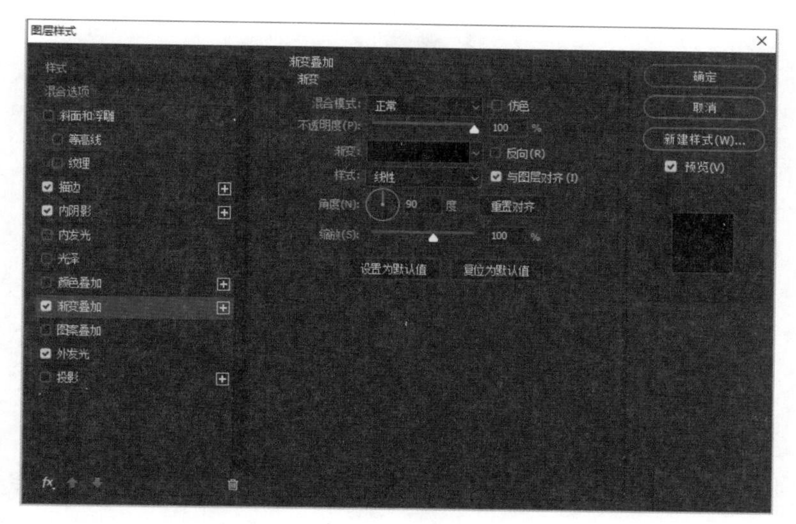

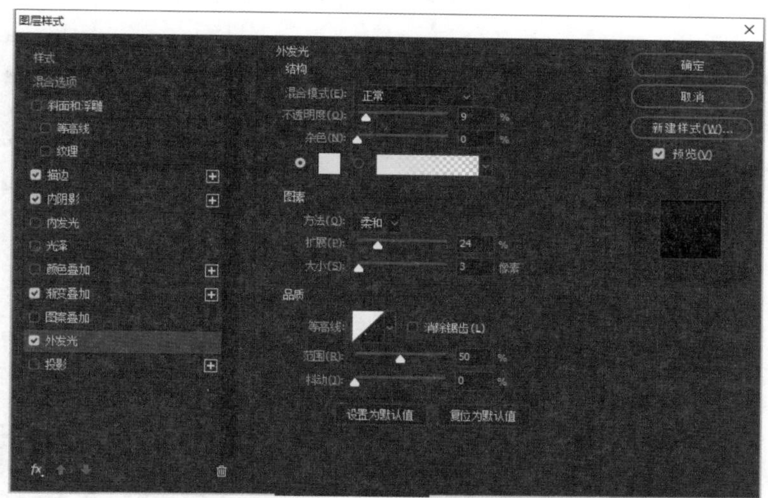

■ 图 3-49　添加新图层样式（续）

■ 图 3-50　效果 3

⑧ 选择椭圆工具，绘制一个 70 毫米 × 70 毫米的圆，并添加渐变叠加，渐变条两边的颜色分别是 #623e52 和 #1a1212，调整位置，效果如图 3-51 所示。

■ 图 3-51　效果 4

⑨ 选择椭圆工具，绘制一个 65 毫米×65 毫米的圆，并添加如图 3-52 所示的图层样式，其中，渐变条的透明渐变设置如下：按住【Alt】键拖动左右两边上方的游标进行复制，将不透明度改为 0% 即可。

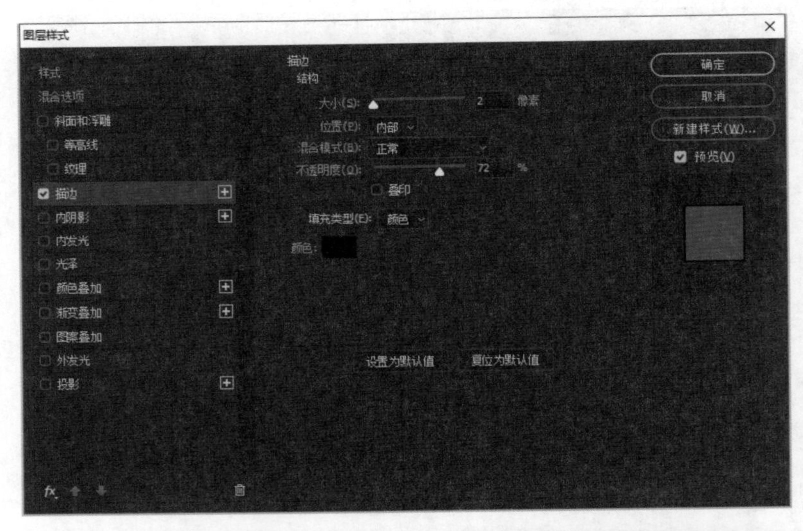

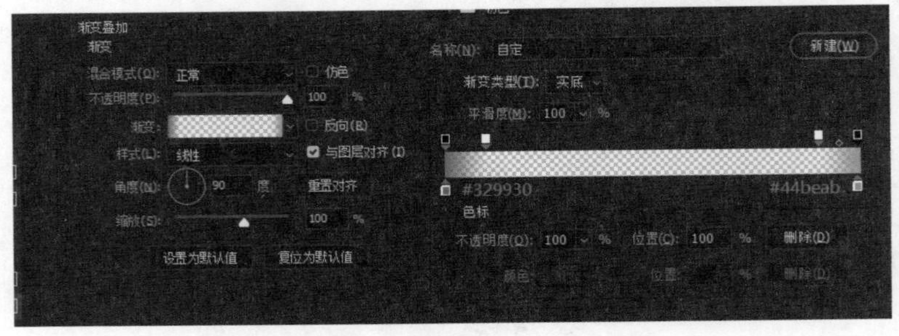

■ 图 3-52　添加新图层样式

调整位置，做好后效果如图 3-53 所示。

⑩ 选择椭圆工具，绘制一个 65 毫米×65 毫米的圆，并添加如图 3-54 所示的图层样式，调整位置，效果如图 3-55 所示。

⑪ 使用椭圆工具，绘制两个白色的圆，调整大小和位置，效果如图 3-56 所示。

■ 图 3-53　效果 5

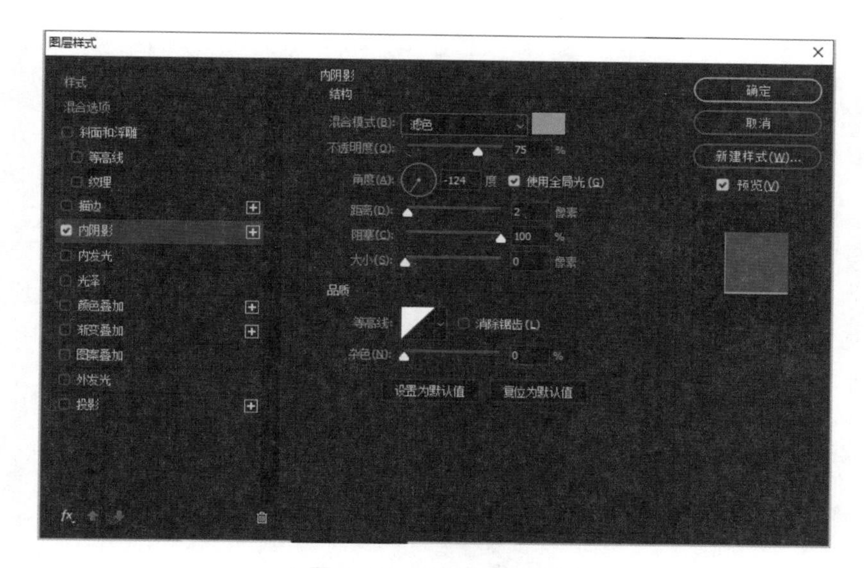

■ 图 3-54　添加新图层样式

■ 图 3-55　效果 6

■ 图 3-56　效果 7

⑫ 使用椭圆工具，绘制两个白色圆形之后进行布尔运算，使它们相交留下高光的形状，并添加蒙版擦除，调整不透明度和填充，添加高斯模糊、阴影等，然后将刚才画好的所有圆的图层全

都选中并执行“编组”【Ctrl+G】，将组命名为镜头，效果如图 3-57 所示，一个逼真的相机图标就制作完成了。

■ 图 3-57　相机图标效果

3.5.3　饮料海报设计

本小节我们来使用新学到的知识设计饮料海报，最终效果如图 3-58 所示。

■ 图 3-58　饮料海报效果

① 导入素材至 Photoshop 中，调整位置和大小，并只显示背景和空岛 1 层，新建一个图层置于空岛 1 层的上方，在新图层上使用钢笔工具沿着紫色的地方绘制形状，如图 3-59 所示。

■ 图 3-59　添加新图层及形状

② 将形状图层置于空岛 1 层的下方，按住【Alt】键在两个图层之间单击以创建剪贴蒙版，这样就能得到一个空岛下层的形状，并使用黑色画笔调整不透明度和流量，新建图层为空岛 1 绘制阴影，完成后将这些图层编组【Ctrl+G】，重命名组为空岛下层，如图 3-60 所示。

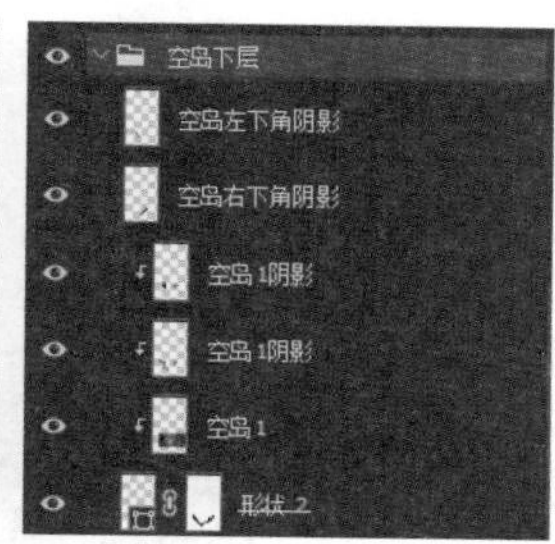

■ 图 3-60　添加阴影前后对比

③ 使用类似的方法，将空岛 2 给抠出来，并且调整颜色，添加阴影，最后将相关图层编辑成组，重命名为空岛上层，如图 3-61 所示。

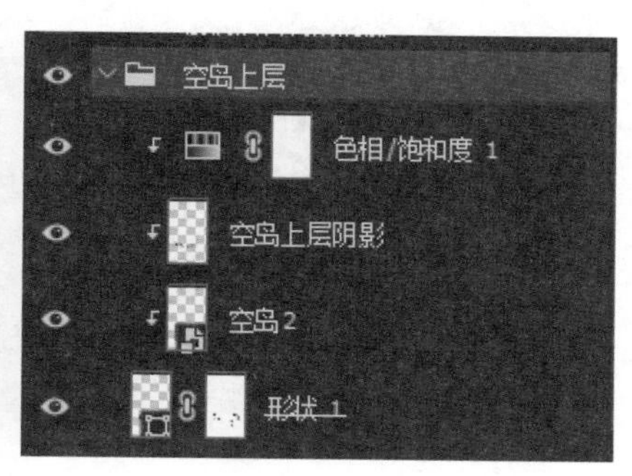

■ 图 3-61　空岛上层

④ 调整樱桃、饮料、树以及空岛右下角碎石的素材的位置和大小，如法炮制，为它们添加高光和阴影，切记白色画笔绘制高光，黑色画笔绘制阴影，在绘制的时候要符合视觉上的光照，这样看起来才不会那么生硬、突兀、不自然，并且显得立体，如图 3-62 所示，不要忘了将这些图层进行重命名和编组。

■ 图 3-62　合理添加高光阴影

⑤ 调整小溪素材的位置和大小并将图层置于整个空岛之上，这样才不会被遮挡。为其添加蒙版，调整画笔的不透明度为 50%，流量为 30%，笔刷硬度为 30%，并且适当调整画笔的大小以贴合小溪，然后在蒙版上小范围、多次的涂抹，目的是为了精确地将多余部分擦除，并可以考虑调整它的颜色，使其尽量与空岛相融合，如图 3-63 所示。

■ 图 3-63　利用蒙版融合图片

⑥ 为饮料添加光晕，将光晕素材导入之后我们会发现，它有一层黑色的背景，这时在图层面板中把它的混合模式改成“滤色”即可去除黑色部分，然后我们再添加蒙版擦除多余部分，即可得到一个不错的光晕效果，如图 3-64 所示。

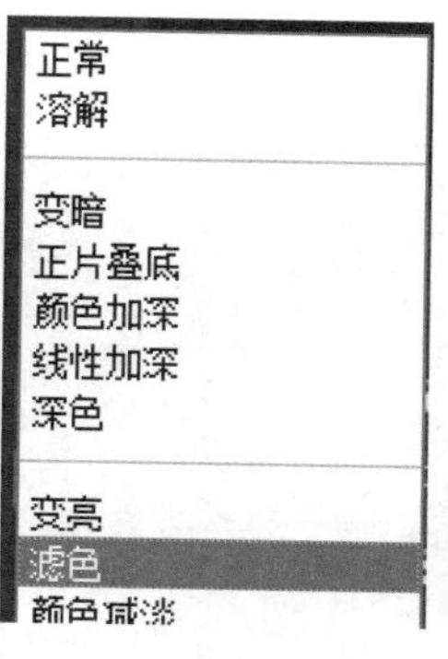

■ 图 3-64　修改混合模式

⑦ 接下来我们再将云图层显示出来，并且调整位置和大小，若云层中有黑色背景，则通过修改混合模式为“滤色”即可去除。最后为整个画面添加高光和阴影，通过分析饮料的光晕位置，我们可以知道这张海报的高光区域是在右半部分，阴影区域在左半部分，于是我们新建图层为整个画面添加高光和阴影，适当调整不透明度使其看起来更自然、更贴合画面，最终效果如图 3-65 所示，一张饮料海报就做好了。

■ 图 3-65　最终效果

3.5.4　金属风格按钮制作

金属风格按钮制作

本小节我们来学习制作金属风格的按钮。

① 新建一个 300 毫米×300 毫米，分辨率为 300 像素，背景色为白色的文档。

② 选择椭圆工具，将填充颜色和描边颜色都改为无色，像素大小为 1，绘制一个 200 像素×200 像素的圆。

③ 打开这个圆的图层样式，为其添加如图 3-66、图 3-68 所示的样式，最终效果如图 3-68 所示。

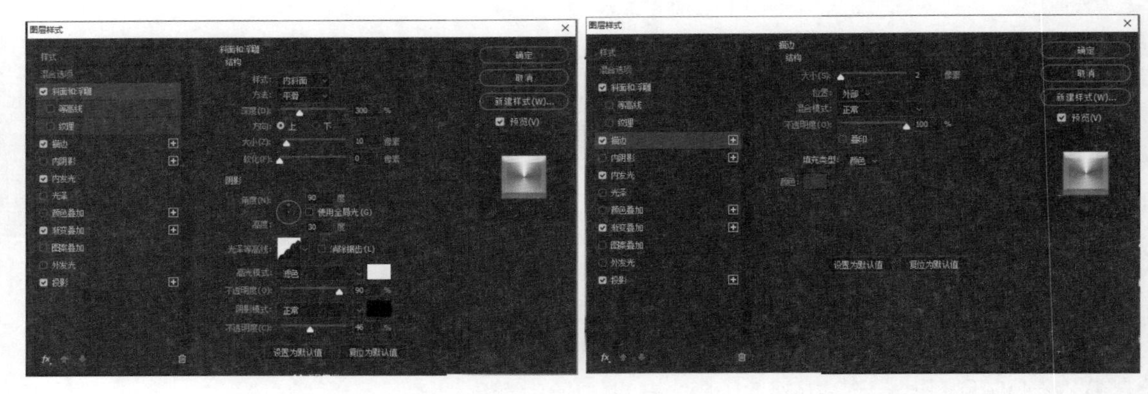

■ 图 3-66　添加样式 1

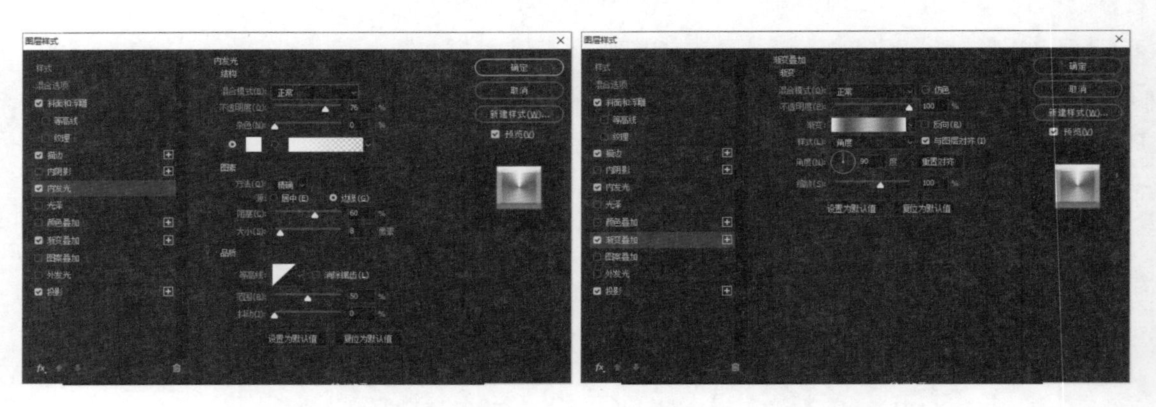

■ 图 3-67　添加样式 2

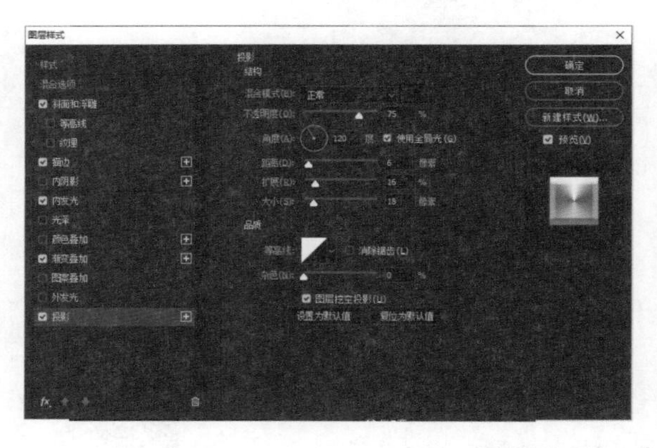

■ 图 3-68　金属风格按钮

3.6 时间轴——制作表情包

单击“窗口”→“时间轴”打开时间轴，这是一个用来编辑动态图片，或是能让静态图片动起来，甚至能够编辑一小段短视频的功能。打开时间轴后就能发现其中有 2 个选项，如图 3-69 所示，我们不仅可以自己绘制表情包，也能将表情包导入到 Photoshop 中进行修改。

■ 图 3-69　时间轴选项

下面简单的介绍一下它们的区别。

（1）创建视频时间轴

这个功能可以用来创建短视频，它的功能类似于 Adobe 公司的另一款视频剪辑软件 Adobe Premiere，支持在时间轴上制作有声视频。

（2）创建帧动画

通常我们把一张 gif 格式的动态图导入到 Photoshop 中，则会看到它被分解成了一个个的图层，而这些图层在时间轴中跟每一帧相对应，例如图层 1 对应帧动画时间轴中的第一帧，我们可以通过修改每一帧的内容来达到制作或修改 gif 图片的目的，常见用于制作表情包。

3.6.1 时间轴的使用

本小节我们来学习如何使用时间轴。

① 导入素材至 Photoshop 中，调整位置和大小。

② 单击“窗口”→“时间轴”命令，在时间轴中选择创建帧动画，若自动创建了视频时间轴，则按图 3-70 所示操作，就可以将视频时间轴转换为帧动画。

③ 单击时间轴左下角的“+”号，复制当前选中的帧，也就是第一帧，在第二帧将“滴汗”显示，如图 3-71 所示。

④ 复制当前帧，然后将“滴汗”图片稍微往右下方移动，可以使用方向键移动以便微调，同时显示“滴汗 2”，如图 3-72 所示。

⑤ 复制当前帧，使用方向键对两个“流汗”的位置进行微调，然后再重复上述操作，最终效果如图 3-73 所示。我们可以选中

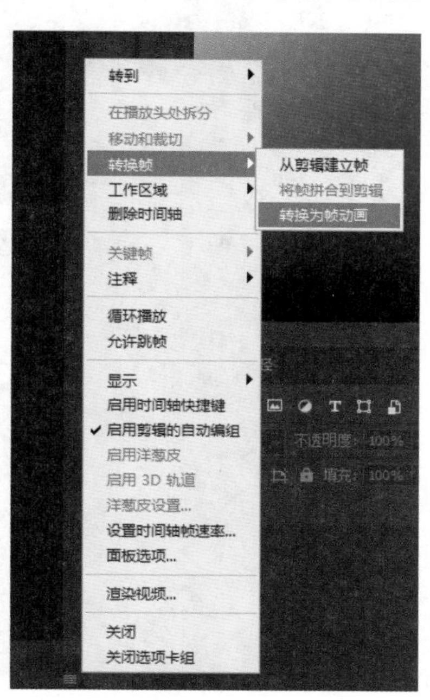

■ 图 3-70　转换为帧动画

第一帧然后单击左下方的播放按钮来预览一下动态的效果，将播放栏左边的循环次数改成“永远”则可以一直播放当前所有帧，那些能够一直动的表情包也是用这种方法制作的。

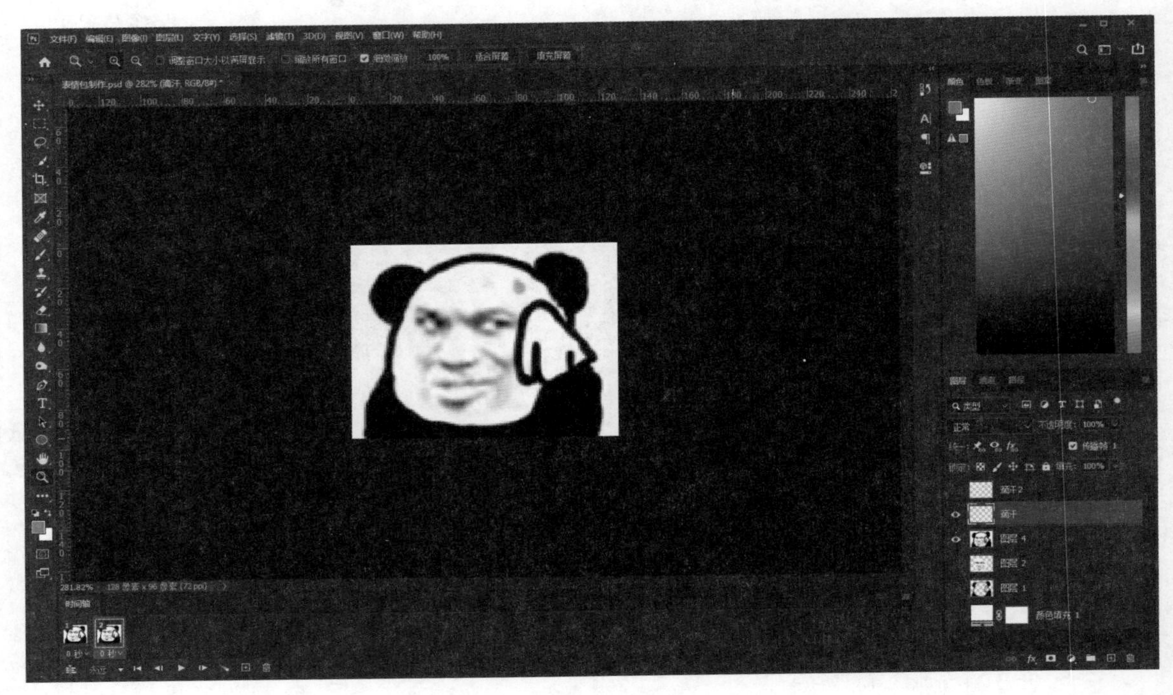

■ 图 3-71　显示“滴汗”

■ 图 3-72　显示“滴汗 2”

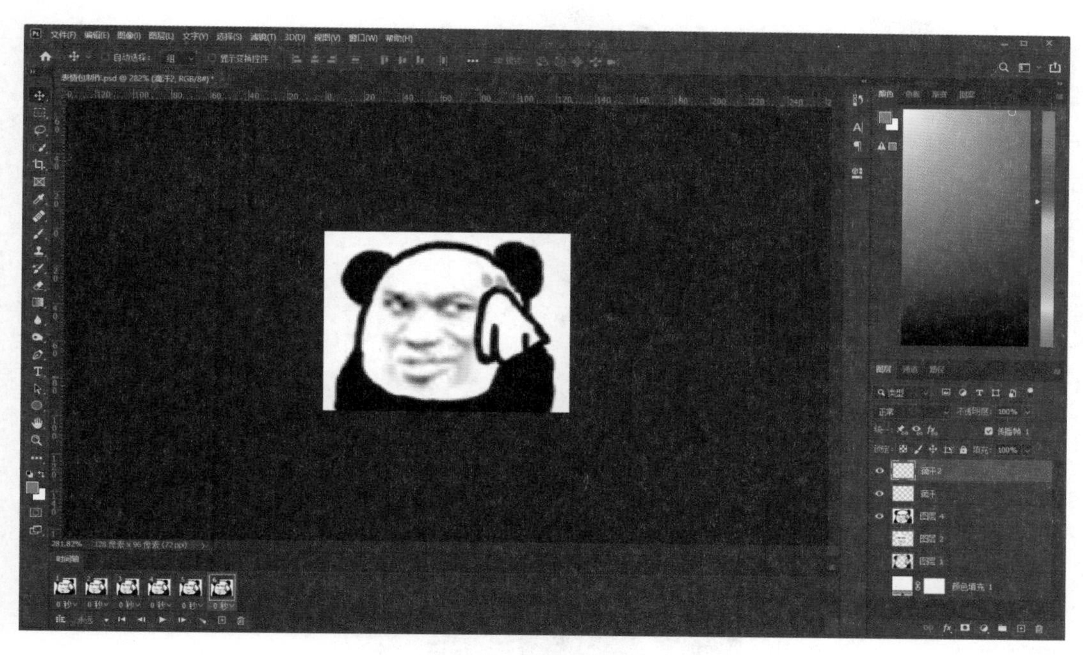

■ 图 3-73　调整位置

⑥ 最后进行动态图的导出，单击“文件”→“导出”→“存储为 Web 所用格式 (旧版)”命令，快捷键是【Alt+Shift+Ctrl+S】，打开后界面如图 3-74 所示，将导出格式更改为 gif 后单击“存储”按钮，将其保存到合适的位置即可。

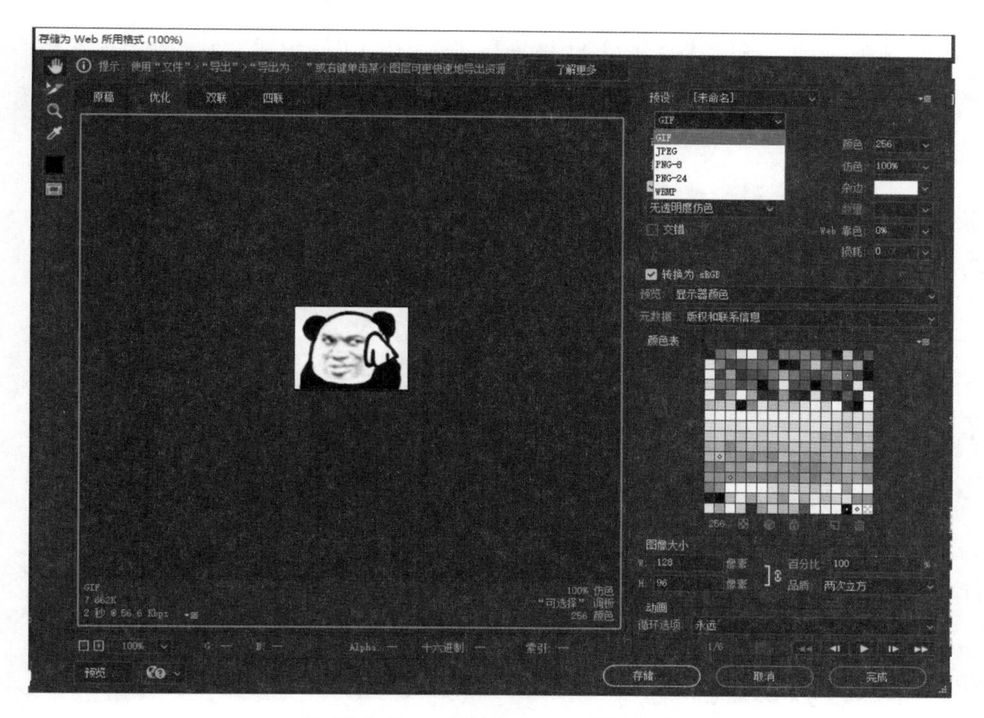

■ 图 3-74　存储为 Web 所用格式

注意事项：在图 3-74 中界面的左下角可以看到这个表情包的文件大小，通常导出之后会比标出的要大一些，如果文件太大有可能会导致无法上传或者发送到社交平台。我们可以降低右上角的“仿色”和“颜色”数值，或是修改右下方的图像百分比大小，这样既可以保持图像不会变形，也可以有效缩小文件体积，但是会导致图像的清晰度有所降低。当文件过大时，我们可能需要多次修改这些选项以得到较好的结果。

另外，当修改帧动画的时候，注意选中需要修改的那一帧所对应的图层，必须选中对应图层才能够进行修改，否则就会修改到其他图层，导致当前帧看起来没有变化，而其他帧有变化。

3.6.2 嘻哈猴表情动画的制作

本小节我们来学习制作嘻哈猴表情动画。

① 将素材导入 Photoshop 中，然后将原图复制一层，命名为“嘻哈猴 2”并隐藏。

② 使用钢笔工具，修改样式为“路径”，对舌头描边，按【Ctrl+J】组合键复制两层并命名为“舌头”，这样我们就得到了舌头素材，如图 3-75 所示。

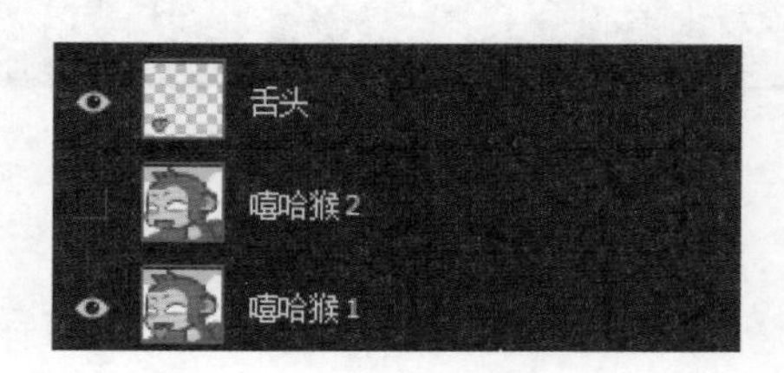

■ 图 3-75 “舌头”图层

③ 显示“嘻哈猴 2”图层并将其他图层隐藏，然后使用仿制图章工具，仔细操作将舌头部分涂抹掉，只留下嘴巴，如图 3-76 所示。

■ 图 3-76 效果

④ 打开时间轴面板，创建帧动画，显示“嘻哈猴 1”层，隐藏其他图层，然后复制当前帧，隐藏“嘻哈猴 1”层，显示“嘻哈猴 2”和“舌头”层，并且选中“舌头”层，执行自由变换命令【Ctrl+T】，将其调整至比原来略微往上，并且旋转角度，如图 3-77 所示。

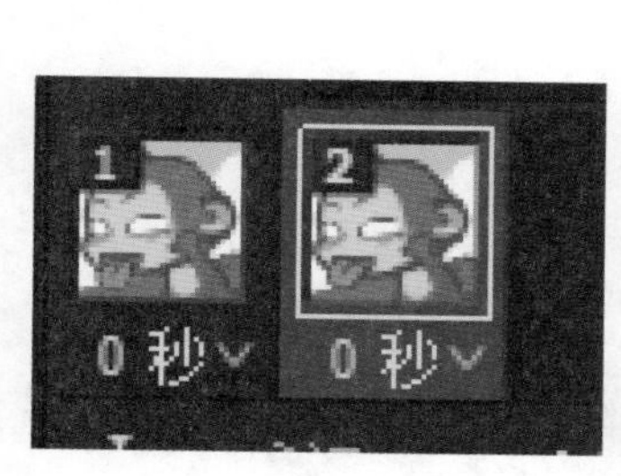

■ 图 3-77　修改前后对比

⑤ 使用文字工具输入“略略略”并调整位置和大小，在两个动画帧中都要将其显示，如图 3-78 所示。

■ 图 3-78　效果

⑥ 按照图 3-74 中的方法导出之后就制作完成了。

本章小结

第 3 章我们主要学习了 Photoshop 中的一些进阶功能，这些功能非常强大，可以说是 Photoshop 的灵魂所在，一切有创意的设计都离不开曲线、蒙版等功能。能够充分了解这些功能，将它们组合起来使用，就能使我们的设计焕发出新的生命力，希望各位读者能在课余时间勤加练习，掌握这些功能是 Photoshop 进阶的必经之路。

课后检测

表述修改：如图 2.10 所示，画笔的下拉菜单能够更改画笔的大小、硬度、笔刷形状三个属性。其中，大小即画笔的大小，硬度即画笔的柔和程度，硬度的值越低，则画笔所画出来的线条越柔和，反之。除此之外，笔刷的形状可以通过在网上下载预设进行导入，也支持自行创建预设。

在下拉菜单的右边是画笔设置，在这里可以更改画笔的笔尖形状、大小抖动、散布等属性，具体可以自行尝试。

第三章课后检测：

调色练习，请把原图调成跟效果图颜色一致。

■ 原图

■ 效果图

第4章 创新项目实践——广告海报设计

4.1 课前学习——广告海报的设计原则

为什么要学习海报设计？

宣传作用：可以让群众更加直观的了解产品性能。

美观作用：海报所展示出来的效果都是经过美术处理之后的，这样更容易吸引群众。

便捷作用：现在无论是手机还是网站、实体线下，海报无处不在。它成本低、收益大、覆盖范围广。

所以，海报设计是我们学习设计最基础的技能。

广告海报设计的六大原则

广告对于我们来说是很重要的，广告海报设计的好坏，可以直接影响企业的效益。在这个优胜劣汰的社会，我们要增强自己的竞争力，更好地发展自己，宣传起到了很重要的作用。广告海报设计在宣传时起到很重要的作用，它能为企业带来意想不到的收益。

海报是平面设计的一种表现形式，是一种信息传递艺术，主题鲜明，阐述性强。海报设计必须有号召力与感染力，在设计时要调用构成知识、利用计算机技能，营造“解说”和”讲述”的视觉传达效果，使观看到的人能够直接得到最重要的信息。

广告海报设计一定要具体的说明活动的时间和地点以及主要内容，可以用些鼓动性词语，但不可夸大事实，文字要求简洁明了，篇幅短小精悍。

原则一：冲击性原则

要想在眼花缭乱的各种广告海报中吸引人们的视线，就必须把提升视觉张力放在首位。将摄影艺术与计算机后期制作充分结合，拓展广告创意海报的视野与表现手法，产生强烈的视觉冲击力，给观众留下深刻的印象。

原则二：内容要全面充分

广告海报设计最重要的一点就是广告宣传，在设计时，尽可能把所有有关宣传的信息较好的融入到广告海报设计中。

原则三：合理规划

广告海报设计的版面规划是否科学规范，也是影响广告效果的一个非常重要的因素。科学规范的版面规划能给观众营造一种比较好的视觉效果。

原则四：构思要巧妙

一份构思巧妙的广告海报无疑是能吸引大家关注的目标的，也是能够得到人们认可的一个非常重要的条件。

原则五：新奇性原则

新奇是广告作品引人注目的奥秘所在，也是一条不可忽视的广告创意原则。新奇能使广告海报波澜起伏、引人入胜；还能使广告海报主题得到深化、升华。

原则六：包蕴性原则

吸引关注的是形式，打动人心的是内容。独特醒目的形式蕴含耐人思索的深刻内容，才能让观众看了又看。要使“本质”通过“表象”显现出来，才能挖掘读者内心深处的渴望。

4.2 课堂学习——抖音风格手机海报设计

我们将用 Photoshop 制作一张如图 4-1 所示的抖音风格手机海报。

■ 图 4-1 抖音风格手机海报

步骤一：打开 Photoshop，新建一个页面，宽高尺寸设计为 1080×1920，单位设置为像素，然后单击“创建”按钮。如图 4-2 所示。

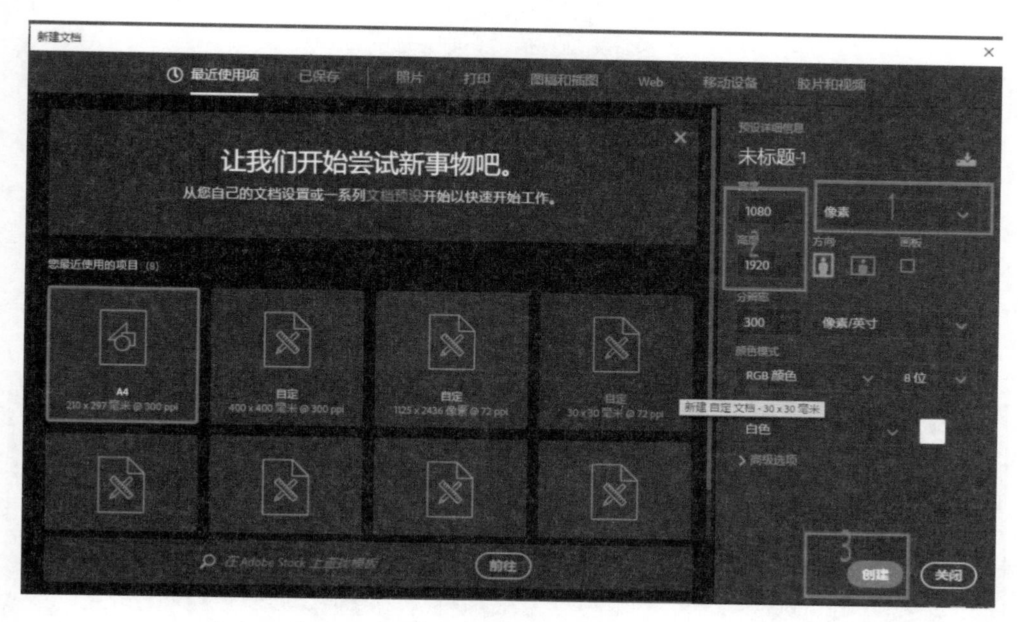

■ 图 4-2　新建参数设置

步骤二：绘制一个比画布尺寸更大的矩形，并填充颜色（本案例色号为 #31b6ff）。选中背景图层后按住【Ctrl+J】组合键来复制一个背景图层，并给复制的背景图层填充颜色（本案例色号为 #fff100），然后为图层添加一个图层样式“颜色叠加”，具体参数如图 4-3 所示。导入素材图片，重命名为背景，并给图层添加色相 / 饱和度的修改，具体参数如图 4-4 所示，最终效果如图 4-5 所示。

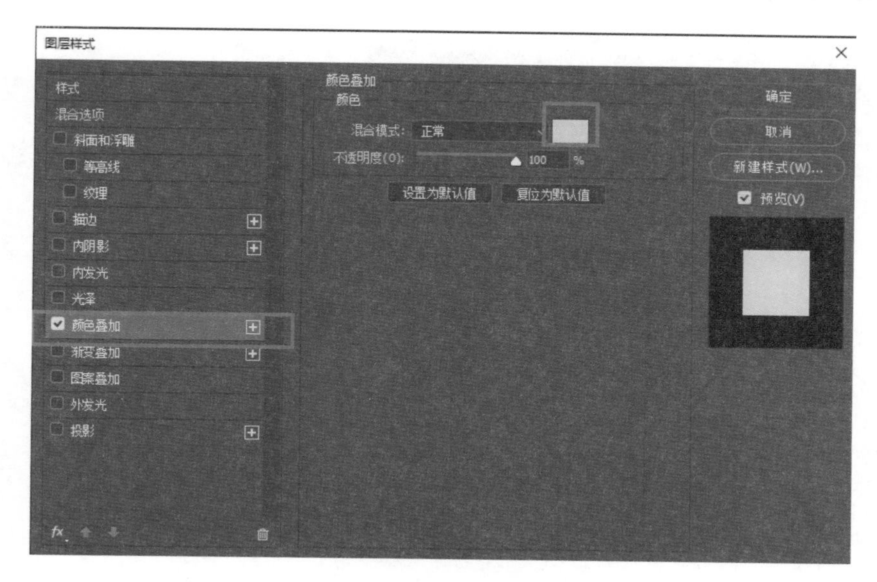

■ 图 4-3　参数设置

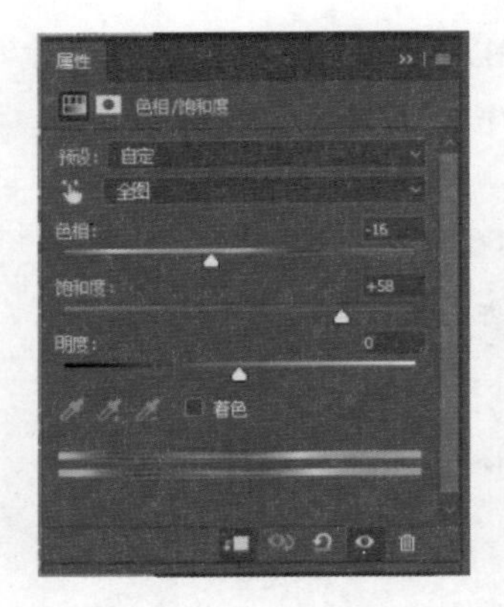

■ 图 4-4　参数设置

■ 图 4-5　背景图层调整效果图

步骤三：使用椭圆工具绘制几个大小不同的椭圆，并为它们填充相应的渐变色后放置在海报的相应位置，最终效果如图 4-6 所示。

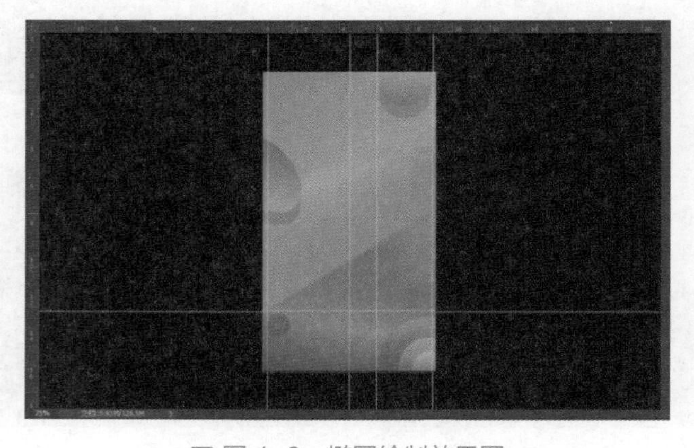

■ 图 4-6　椭圆绘制效果图

步骤四：使用多边形工具将边数改为 3，绘制一个三角形，将图层栅格化后使用橡皮擦工具将三角形部分擦除，接着添加图层样式“颜色叠加”，效果如图 4-7 所示。然后按住【Ctrl+J】组合键复制三个此图层，并改变其大小、颜色，效果如图 4-8 所示。使用钢笔工具绘制一个四边形，复制出多个，并按【Ctrl+T】组合键来改变它们的大小和方向，效果如图 4-9 所示。

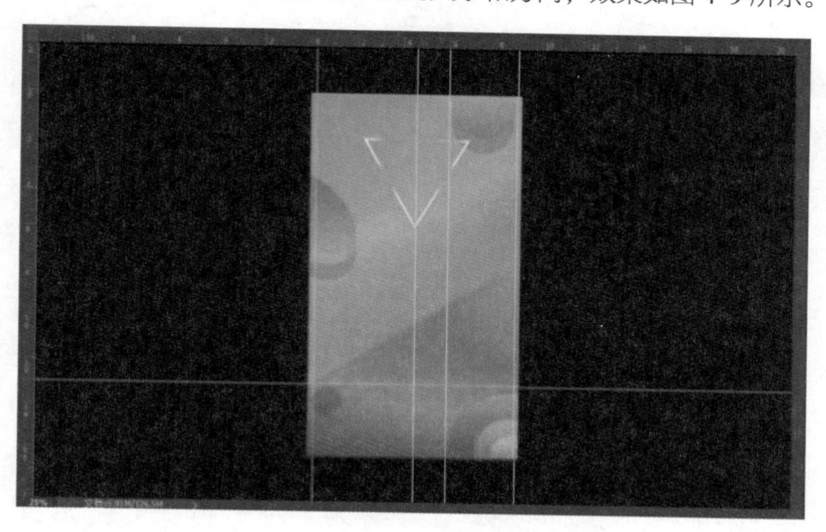

■ 图 4-7　添加图层样式效果图

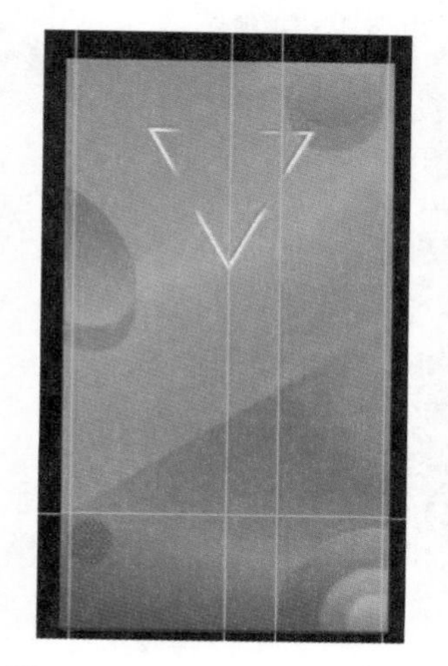

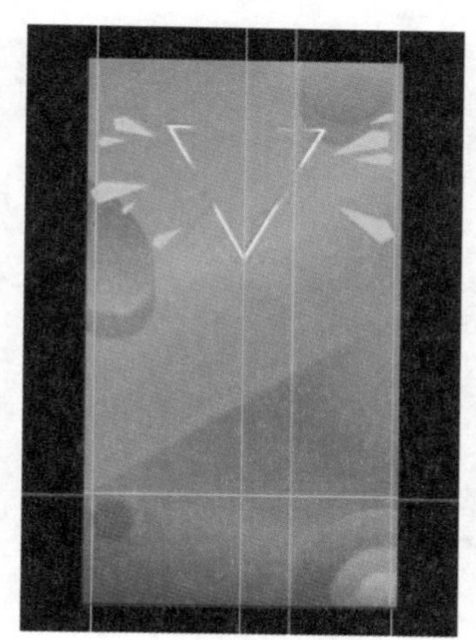

■ 图 4-8　调整大小、颜色效果图

■ 图 4-9　复制叠加效果图

步骤五：导入烟花素材，调整大小放置到相应位置。输入文字“重磅！”，然后为其添加图层样式“颜色叠加”，复制出两个图层，改变其颜色和位置形成叠加效果。随后输入“智能终端来了！”，步骤与文字“重磅！”一致。然后将文字图层创建为一组，并为组添加图层样式，具体设置如图 4-10 所示，最终效果如图 4-11 所示。

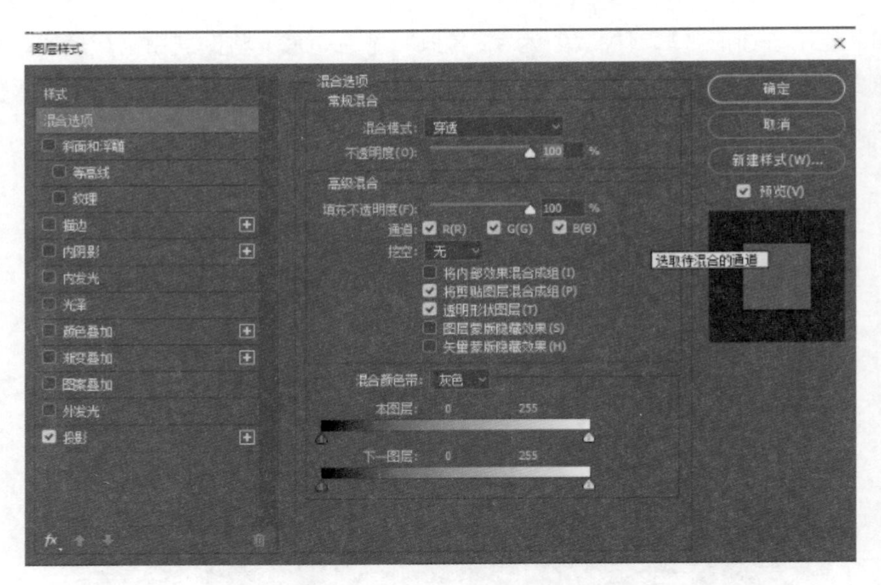

■ 图 4-10　参数设置

■ 图 4-11　效果图

步骤六：导入背景素材图片，调整大小到相应位置。画出一个圆角矩形，并给它添加图层样式“颜色叠加”和“投影”，具体设置参数如图 4-12 所示。绘制一个圆角矩形，调整相应参数，参数值如图 4-13 所示，复制出两个相同的圆角矩形，调整位置使其对齐，然后在相应位置输入相应大小的文字，并导入图片素材放置到相应的位置上。海报就制作完成了，最终效果如图 4-14 所示。

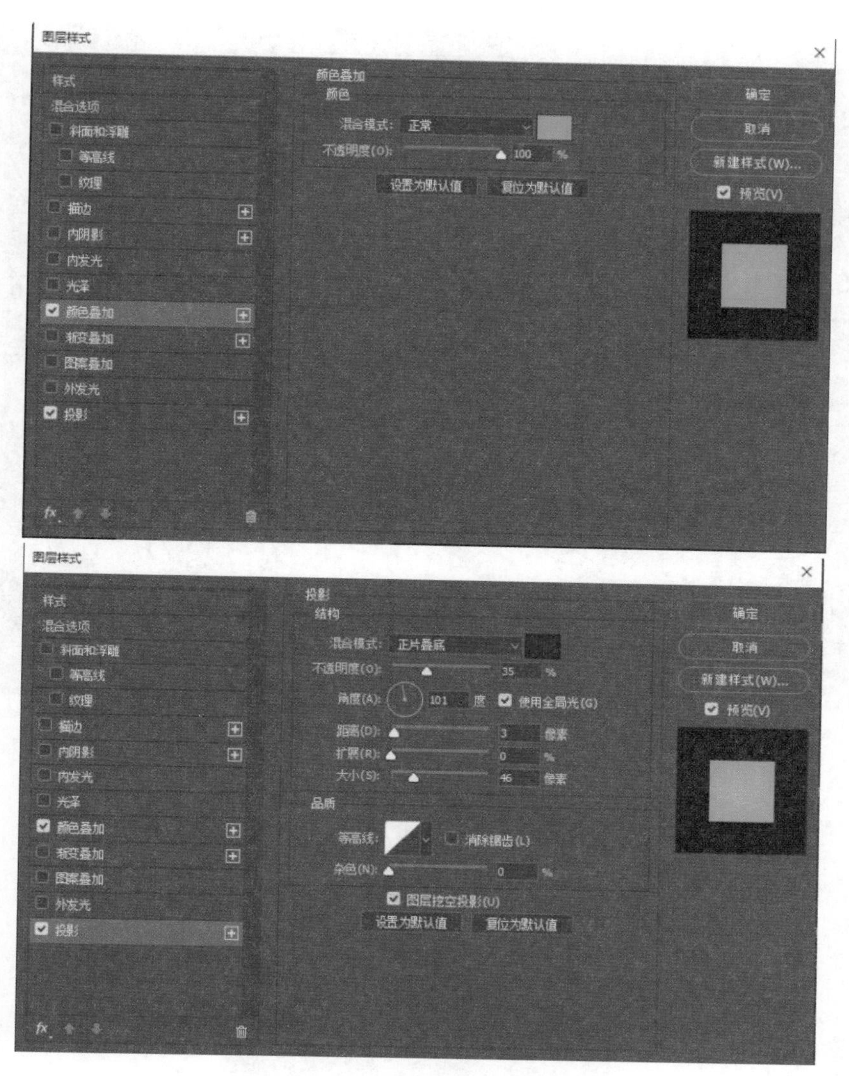

■ 图 4-12　参数设置

■ 图 4-13　参数设置

■ 图 4-14　最终效果图

4.3 课堂学习——纯净水产品宣传招贴海报

我们将用 Photoshop 制作一张纯净水产品宣传招贴海报，效果如图 4-15 所示。

■ 图 4-15　纯净水产品宣传招贴海报

步骤一：新建一个宽度、高度尺寸为 80×120、单位为厘米的文件，单击“确定”按钮。背景图层颜色换成黑色，接着导入背景素材文件，并为图层创建一个蒙版，单击蒙版图层，使用画笔工具将下面部分擦涂，效果如图 4-16 所示。

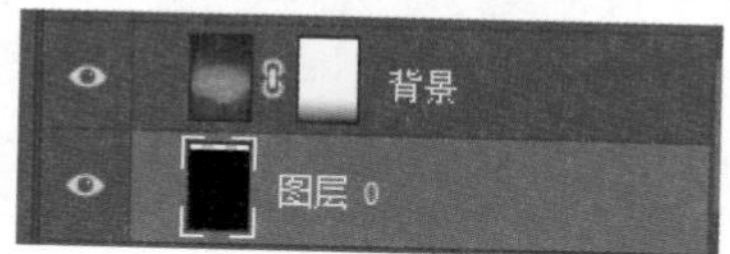

■ 图 4-16　背景蒙版效果图

步骤二：将水花图片素材导入，然后移动到适合的位置，效果如图 4-17 所示。

■ 图 4-17　水花位置效果图

步骤三：将饮料瓶素材导入，并为图层添加图层蒙版，如图 4-18 所示。并在蒙版上用黑色画笔将瓶子底部一部分擦涂，最终效果如图 4-19 所示。

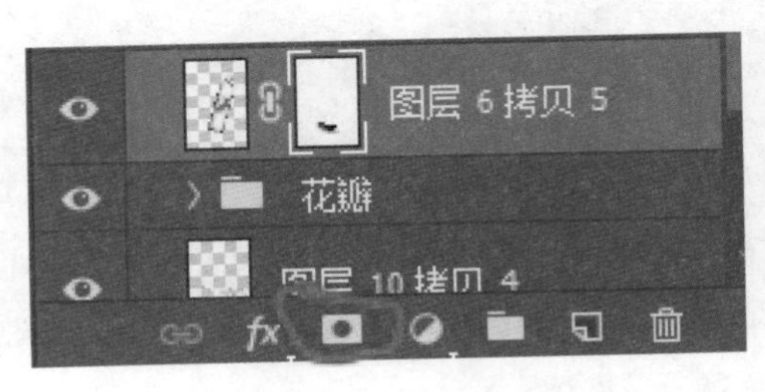

■ 图 4-18　蒙版添加

■ 图 4-19　蒙版擦除效果图

步骤四：在瓶身适当位置添加文字“净含量 550ml”使图片更加逼真，接着导入其余水花素材，调整水花位置，效果如图 4-20 所示。

■ 图 4-20　水花放置效果图

步骤五：为海报添加文字，并放置到适当位置，海报就制作完成了，最终海报效果如图 4-21 所示。

■ 图 4-21　海报最终效果图

4.4 课堂学习——电商 banner 广告图设计

电商banner
广告图设计1

案例一：制作电商 banner 广告图 1

我们将用 Photoshop 制作一张电商 banner 广告图，效果如图 4-22 所示。操作步骤如下：

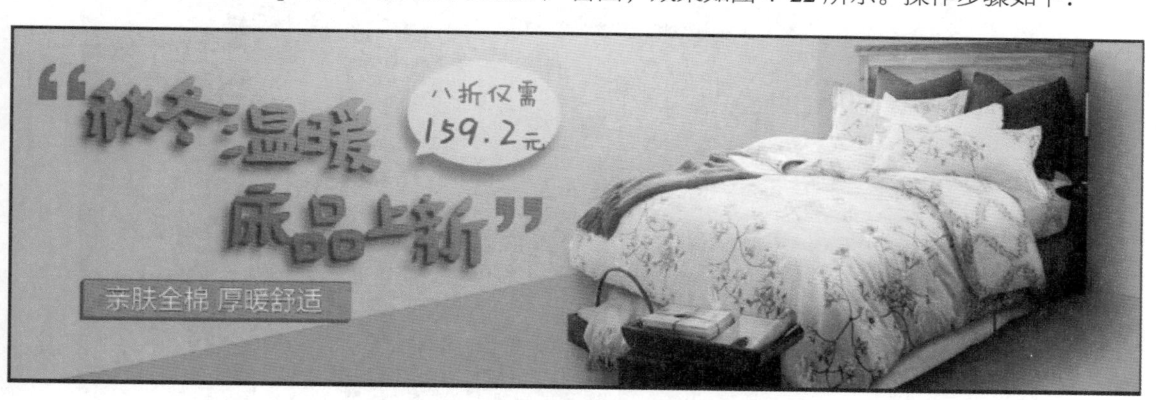

■ 图 4-22　电商 banner 广告图

步骤一：新建一个宽度、高度尺寸为 1200 × 380、单位为像素的文件，然后使用矩形工具绘制三个矩形，使用直接选择工具调整锚点位置形成一个墙角，效果如图 4-23 所示。

步骤二：导入素材并调整移动至适当位置，然后为素材图层添加图层样式“投影”，参数设置如图 4-24 所示。新建一个图层，用更深颜色的画笔在适当位置涂抹出阴影，效果如图 4-25 所示。

■ 图 4-23　墙角效果图

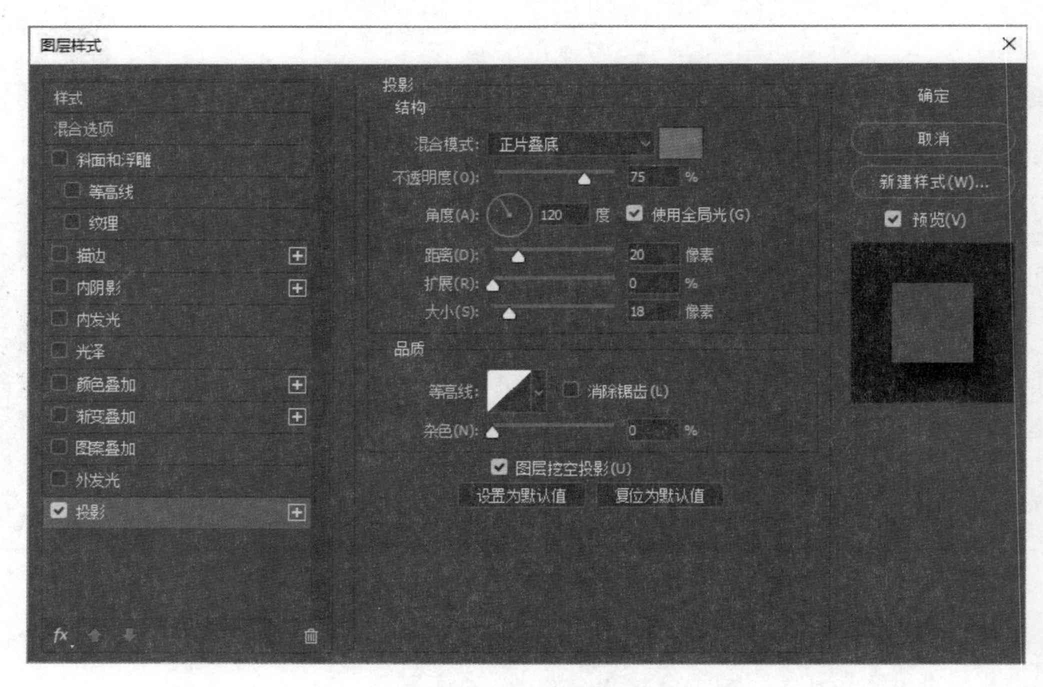

■ 图 4-24　参数设置

■ 图 4-25　涂抹阴影效果图

步骤三：导入床素材，并为素材图层添加图层样式“投影”，参数设置如图 4-26 所示。新建一个图层，用黑色画笔为图层画出床角阴影的效果，然后调整阴影图层的色相饱和度，参数如图 4-27 所示，在此基础上再新建一个图层，画出更有层次的阴影，然后调整此阴影图层的色相 / 饱和度，阴影绘画如图 4-28 所示、参数如图 4-29 所示，最终效果如图 4-30 所示。

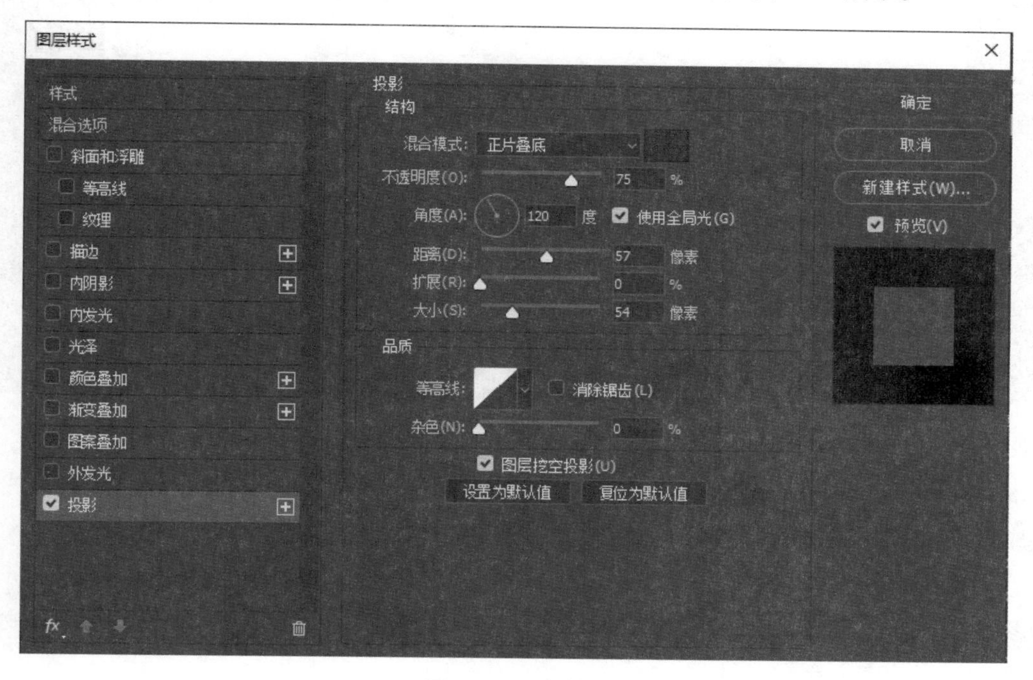

■ 图 4-26　参数设置

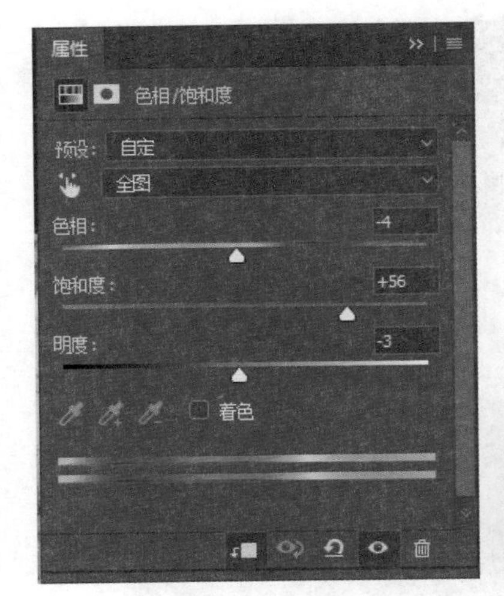

■ 图 4-27　参数设置

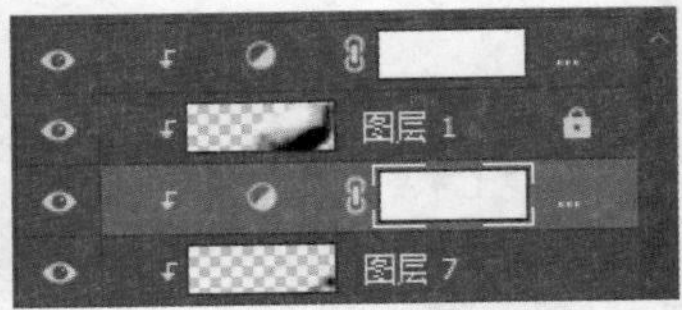

■ 图 4-28　阴影绘画参考

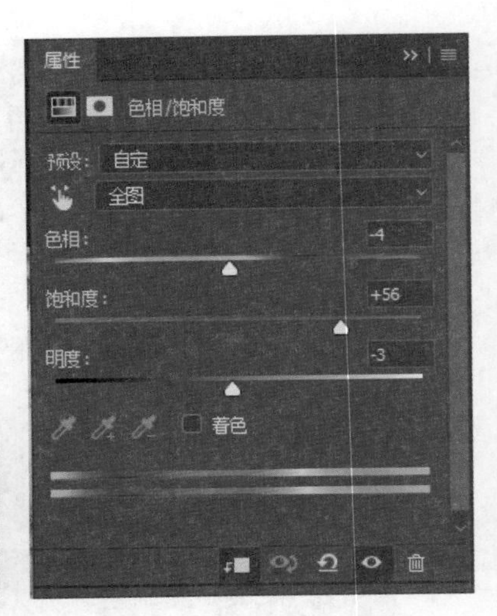

■ 图 4-29　参数设置

■ 图 4-30　效果图

步骤四：绘制一个橙色矩形，然后复制一层，调整位置，为第一个矩形图层添加图层样式“颜色叠加”，使两个矩形看起来有层次感。在矩形上添加文字“亲肤全棉 厚暖舒适”，将“秋冬温暖 床品上新”素材导入，为其添加图层样式“内发光”“颜色叠加”，参数设置如图 4-31 所示，复制图层（图层样式不复制），为其添加图层样式“渐变叠加”“投影”，参数设置如图 4-32 所示，效果如图 4-33 所示。

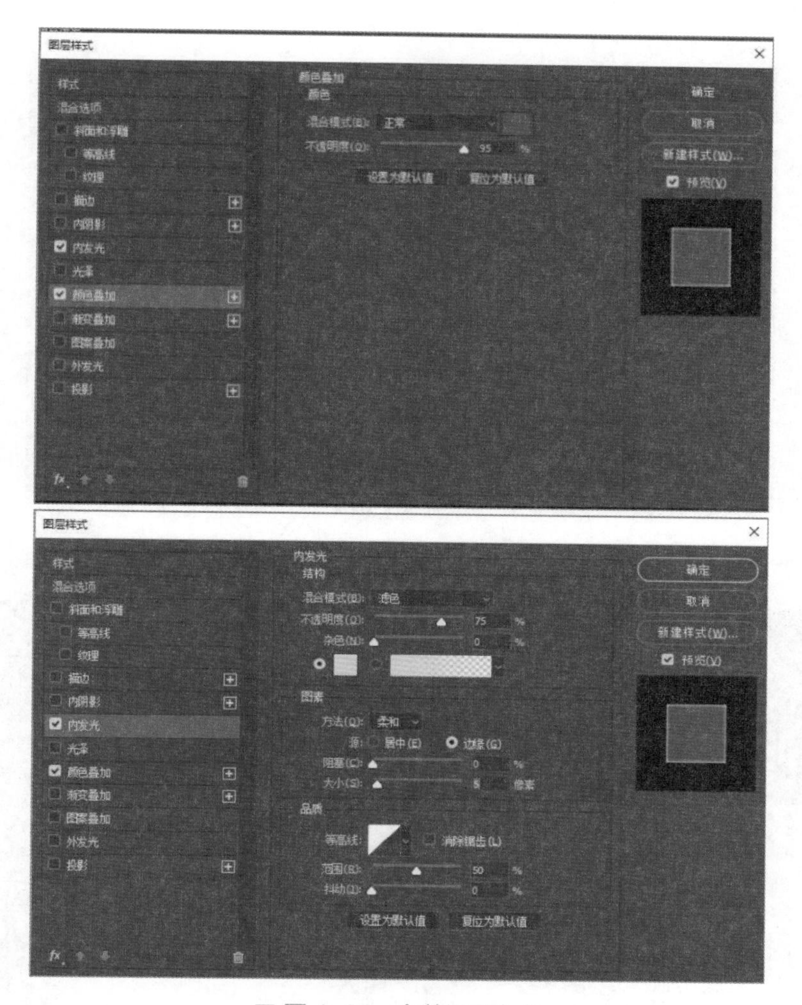

■ 图 4-31　参数设置参考

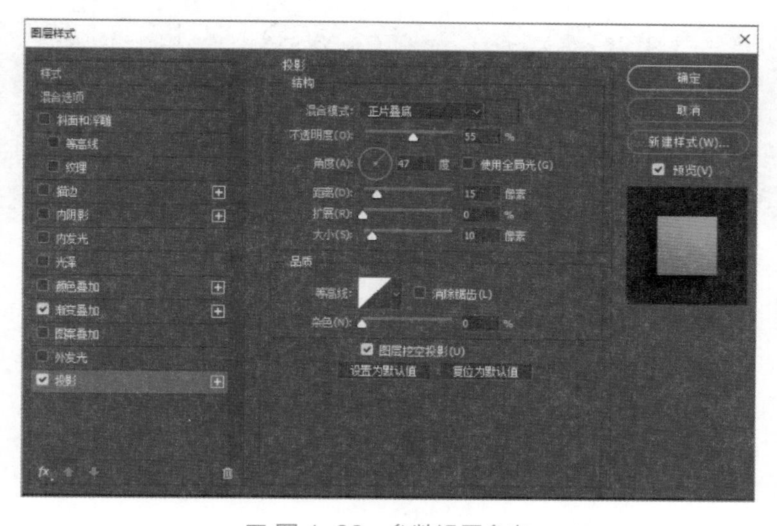

■ 图 4-32　参数设置参考

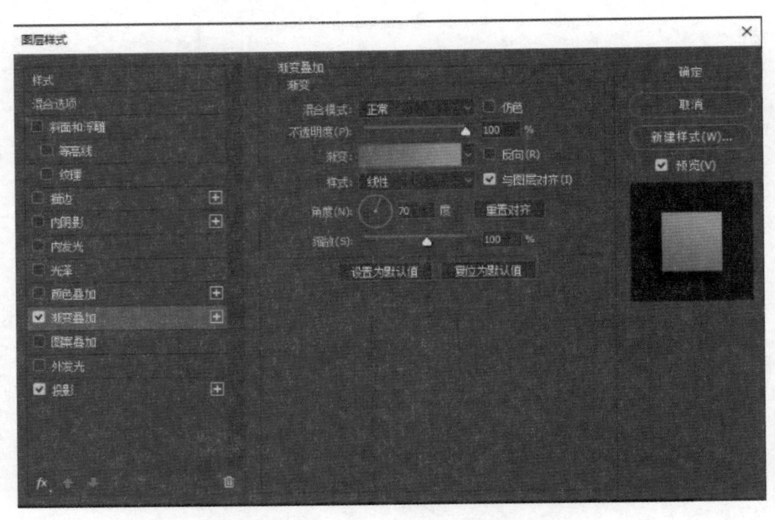

■ 图 4-32　参数设置参考（续）

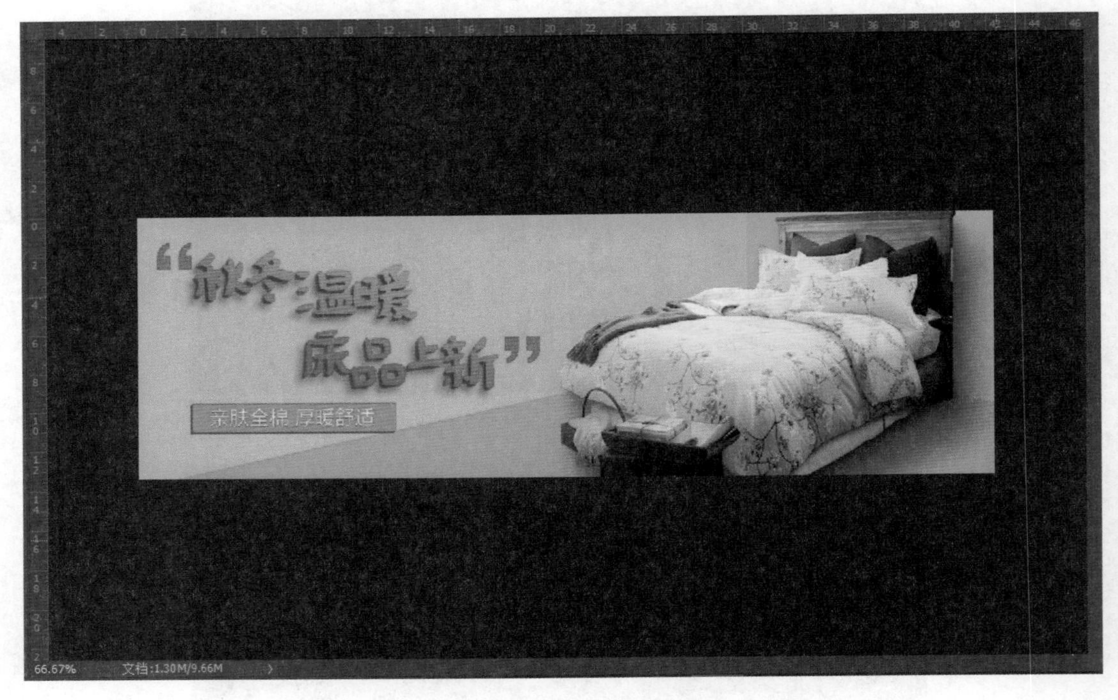

■ 图 4-33　效果图

步骤五：新建一个图层，绘制一个椭圆，使用钢笔添加锚点工具为椭圆添加锚点，调整锚点位置，调整后效果如图 4-34 所示。复制此图层，为复制图层添加图层样式“投影”，参数设置如图 4-35 所示。在椭圆上添加文字“八折仅需 159.2 元”，最终效果如图 4-36 所示。

■ 图 4-34　调整锚点效果图

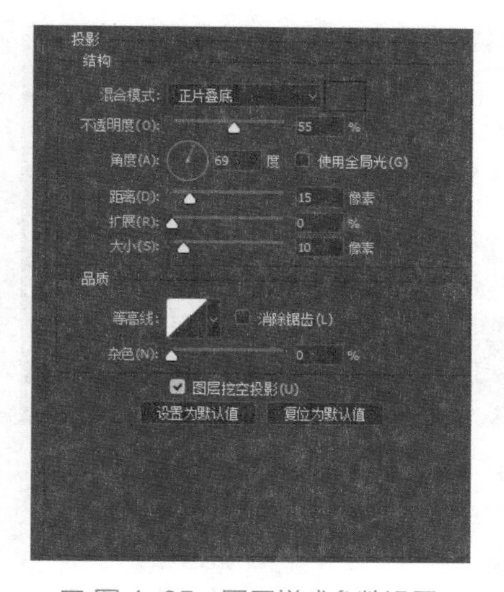

■ 图 4-35　图层样式参数设置

■ 图 4-36　添加文字效果图

步骤六：新建一个图层，选择渐变色填充，颜色设置从白色到透明，在图层上从上向下拉出光照的效果，如图 4-37 所示。新建一个图层，再用渐变色拉出一个范围更小一些的渐变效果。如图 4-38 所示。最后新建一个图层，用黑色画笔在图层上画出阴暗，图层透明度调整为 43%，效果如图 4-39 所示。到此，这张广告图就完成了。

■ 图 4-37　渐变效果图

■ 图 4-38　渐变效果图

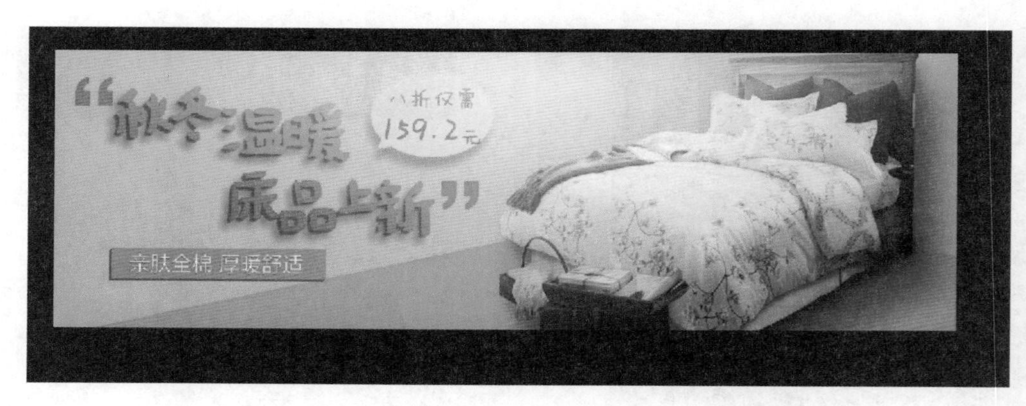

■ 图 4-39　最终效果图

案例二：# 制作电商 banner 广告图 2

我们用 Photoshop 制作一张电商 banner 广告图，效果如图 4-40 所示。操作步骤如下：

■ 图 4-40　电商 banner 广告图

步骤一：新建一个尺寸为 1 802 像素 × 729 像素的文件，背景图颜色填充为白色。在画布中间创建一个文本“OPPO”，颜色为黑色，调整好位置后，将图层不透明度设置为 8%，接着分别创建文本“匠”“心”“造未来”，在“匠”“心”之间创建一个小矩形，填充为黑色。按照这个方法创建文本“2017”等内容，并调整位置对齐文本，效果如图 4-41 所示。

■ 图 4-41　创建文字效果图

步骤二：创建一个矩形，边框设置为 1 像素，然后给此图层添加一个蒙版，将与文字重叠部分用黑色画笔在蒙版上擦除掉，效果如图 4-42 所示。

■ 图 4-42　矩形擦除后的效果图

步骤三：将素材导入到文件中，并调整位置大小，用如图 4-43 的素材给如图 4-44 的素材创建剪切蒙版，效果如图 4-45 所示。

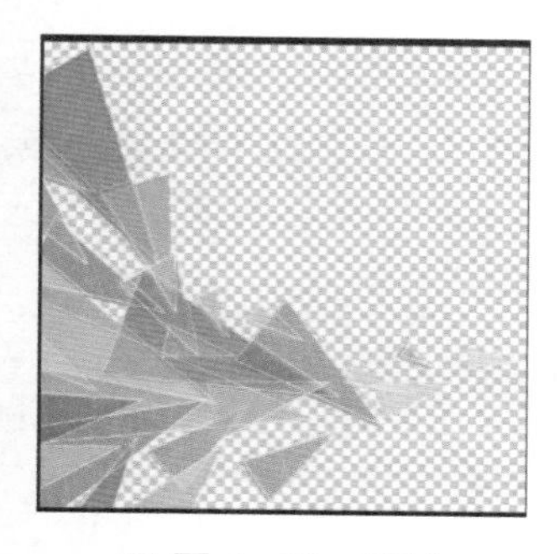

■ 图 4-43　素材

■ 图 4-44　素材

■ 图 4-45　创建剪切蒙版效果图

步骤四：绘制一个矩形放置到相应位置，再创建双引号文本，拖动并放置到相应位置，最后在“2017”文本下方绘制一个矩形填充为绿色，然后在矩形上方创建文本“OPPO 研发系统圣诞大爬梯”，调整好位置后，海报就制作完成了，最终效果如图 4-46 所示。

■ 图 4-46　海报最终效果

创新创业小妙招——创客贴平台制作海报

创客贴是一款多平台（Web、Mobile、Mac 、Windows）极简图形编辑及平面设计工具， 包括创客贴网页版、iPhone、iPad、桌面版等。从功能使用方面来分，创客贴有个人版及团队协作版，提供图片素材和设计模板，通过简单的拖拉拽操作就可以设计出海报、PPT、名片、邀请函等各类设计图。网页版，支持在线设计创作，无须下载任何安装包。创客贴提供社交媒体、广告印刷、工作文档、生活、广告横幅、电商六大设计场景，63 小类设计模板。还可以将设计稿存储云端，支持多人协作，共同完成设计，免费下载或分享设计文件。

下面我们将使用创客贴网页版平台制作一张海报。

步骤一：打开浏览器，搜索创客贴官网，进入官网。官网页面如图 4-47 所示。

■ 图 4-47　创客贴官网页面

从图 4-47 可以看到创客贴网页版平台上有很多实用功能，不仅有大量的模板，还能自己设计，简单几步就能制作出一张海报，模板分类也非常清晰。

步骤二：单击设计工具，进入到如图 4-48 所示页面，单击左侧的创建设计或者我的场景里的模板进入到如图 4-49 的设计页面， 页面左侧有很多素材，直接将想要的素材拖入到中间面板中即可制作出一张海报。如图 4-50 是使用此平台制作的一张海报。

■ 图 4-48　创客贴设计工具页面

■ 图 4-49　创客贴设计页面

■ 图 4-50　创客贴平台制作的海报

本章小结

广告海报的设计原则：冲击性原则、内容要全面充分、合理规划、构思要巧妙、新奇性原则、包蕴性原则。

图层蒙版的原理：将不同灰色值转化为不同的透明度，并作用到它所在的图层，使得图层不同部位透明度不同，黑色为完全不透明，白色为完全透明。

创客贴平台可以在线制作海报，也可以直接套用模板制作等。

课后检测

1. 使用 Photoshop 制作一张广告海报，风格自定。
2. 使用创客贴平台制作一张海报，风格自定。

第 5 章

创新项目实践——画册设计

5.1 课前学习——画册版式设计原则及画册欣赏

随着 21 世纪的到来，科学技术突飞猛进，人们的物质文化需求不断提高，对设计的品味要求也越来越高，高质量的设计，有助于提升公司的文化形象。而画册设计作为设计的一种，关乎着一个企业的未来发展，所以说设计并开发出优秀的画册是非常有必要的。

我们在进行画册排版时，要遵循画册的七大设计原则。

（1）优质的图片

优质的图片是精美的画册设计的前提，任何画册哪怕用再好的文字来藻饰，再好的创意来规划，一旦脱离了精美的图片，都称不上是一本优秀的画册。优质的图片不仅仅表现在质量上，更加体现在色彩、大小以及是否能够表达主题，只有各个方面统筹兼顾，这样才能够在整体上协调。

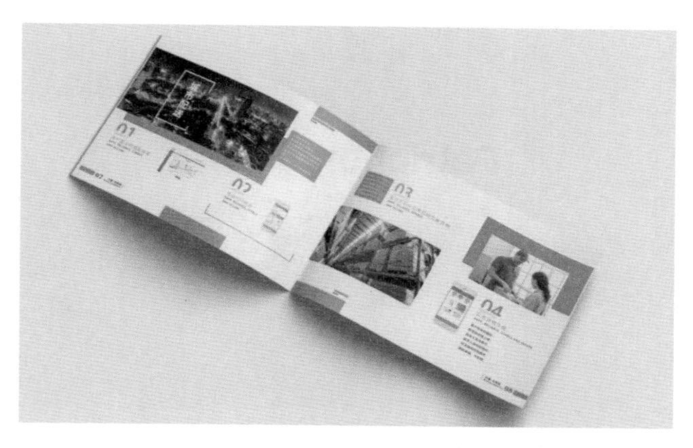

■ 图 5-1　某学校公司宣传画册

（2）舒适的字体

一般情况下，画册排版的文档会分为几个层级，主要有主题、副标题、主题装饰英文、作者、正文段落。可知，字体设计在画册中占有非常重要的地位，字体的选择不仅体现出设计师的技术水平，而且要求设计者要有较高的审美情趣。想要设计出好的画册，首先要保证字体文档的主题突出，视觉中心稳定，字体的气质要与版面的气质吻合；其次，文字要分布合理，让文字的视觉感受与表述内容保持统一，保证文字突出而不突兀，如图 5-2 所示。

■ 图 5-2　某房地产宣传画册

（3）恰当的排版

在进行画册的排版时，主要就是文字信息的层级和文字位置的摆放。画册排版可分为单图排版、双图排版和多图排版。不同的排版方式适用于不同的情况，例如，平铺的单图排版多用于画册的封面设计。另外，在设计画册时，设计师应做出段落层级的划分，并提炼出必要的核心关键词。为了让版面更加生动活泼，可以在设计过程中运用一些小技巧，比如放大标题字、放大数字以及加上图标，等等。在编排中，要遵循设计的四大原则，期间可以借助网格系统，让作品显得更加慎密严谨。画页内侧设计效果如图 5-3 所示。

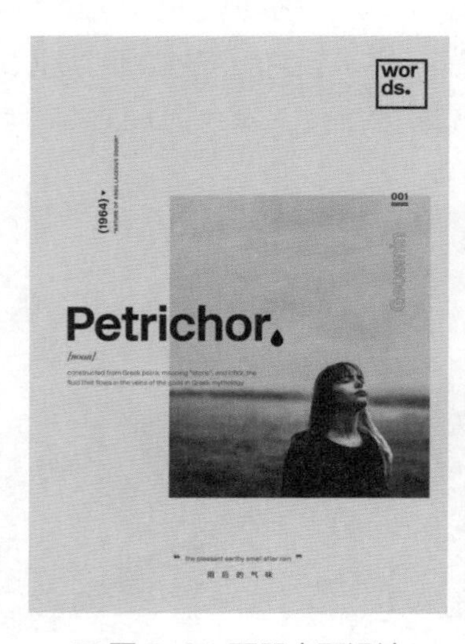

■ 图 5-3　画册内页设计

（4）颜色不可以太过于花哨

画册的颜色处理得好，就可以达到锦上添花、事半功倍的效果，切忌颜色过于花哨。在颜色设计上要遵循“总体协调，局部对比”的原则，可以根据内容的需要，分别采用不同的主色调。常用的配色方案有暖色调、冷色调和对比色调，保证在颜色上既与众不同又和表达的内容气氛相适应，如图 5-4 所示。

■ 图 5-4　某学校宣传画册

（5）内容不可过于繁杂

在画册设计中，画面不可过于繁杂，要简约大方，要把握好画册的主要内容和次要内容，有明确的视觉重点，重要的内容详细设计，不重要的可以一笔带过，这样才能吸引到客户，如图 5-5 所示。

■ 图 5-5　某学校宣传画册

（6）紧锁画册的目的和主题

不管设计什么样的画册，首先我们要明确画册的目的和主题，再围绕主题进行设计。画册要以读者为导向，从而揣摩受众群体的心里想法，这样子设计出来的作品才能被大众所理解，容易引起感情共鸣，如图 5-6 所示。

■ 图 5-6　食物宣传画册

（7）能将创意文字化和视觉化

当我们设计出一个好的创意时，还要学会如何把这种创意在画册中实现出来，文字、图片和整体创意是画册设计的三要素，由此可知创意在画册设计中是相当重要的，能够巧妙地实现文字化和视觉化的创意才是一个好的创意，而如何实现这个效果就是一个设计师需要不断研究、不断自我提高的过程，如图 5-7 所示。

■ 图 5-7　风景画册

5.2 课堂学习——物流公司画册设计

本案例是设计某物流公司的宣传画册，为了能够重点突出公司产品，在颜色搭配上选择的是对比色调：橙与蓝。这种色彩的搭配，可以产生强烈的视觉效果，给人一种热情奔放的感觉。同时，要把握好“大调和，小对比”的重要原则，即总体的色调是统一和谐的，局部的地方可以有一些小的强烈对比。在设计时，设计师还要根据不同的案例选择不同的颜色搭配方案，在设计的过程不断调整。

案例一：制作某公司画册

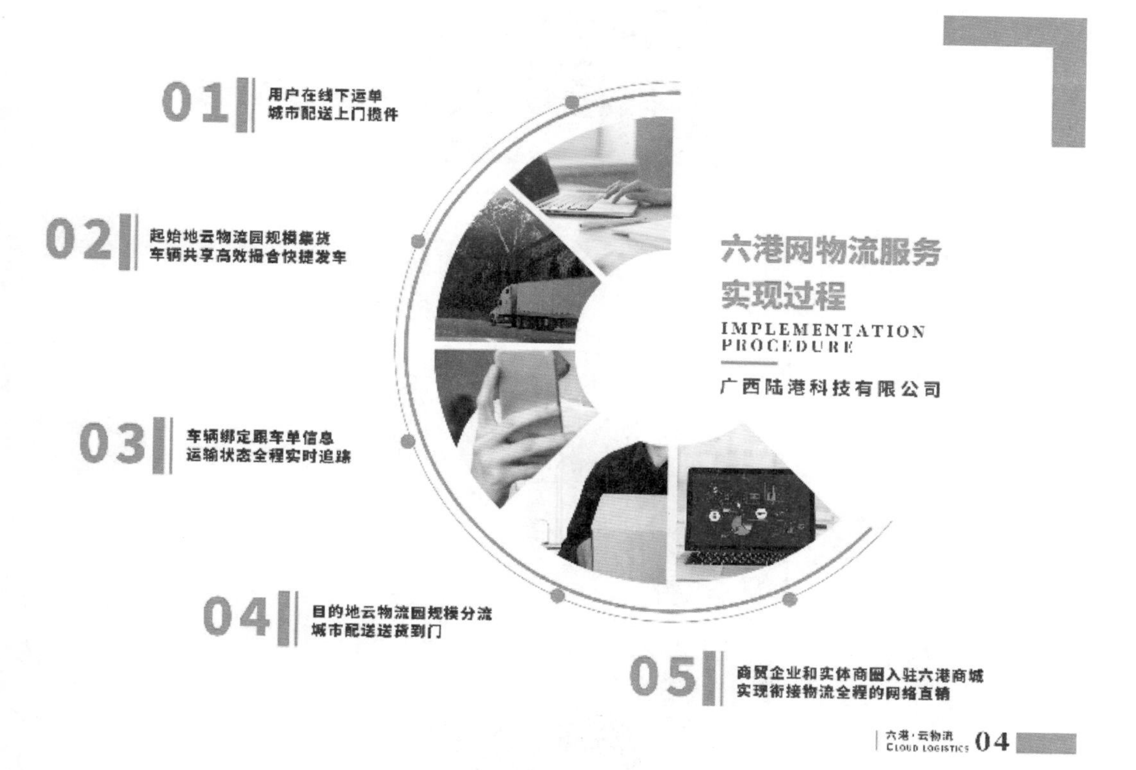

■ 图 5-8　某公司画册设计

画册页面效果如图 5-8 所示。打开案例 5.2 的 PSD 源文件，可以看到画册设计的全部图层信息。接下来，我们来学习一下制作要点。

（1）新建文件

打开 Photoshop CC 软件，单击“文件”→“新建”命令，以像素为单位，新建一个宽度为 3579 像素，高度为 2551 像素，分辨率为 300 像素的文件，颜色模式为 CMYK，如图 5-9 所示。以画册的实际尺寸来建立 PSD 文件，能保证印刷出来的画面清晰，使用 CMYK 印刷专用模式，能保证印刷出来的画面颜色不失真。

■ 图 5-9　新建文件

（2）圆环的制作方法

圆环制作效果如图 5-10 所示，步骤如下：

■ 图 5-10　圆环制作

步骤一：首先使用椭圆工具，同时按住【Shift】键，按下鼠标左键拖动绘制出一个正圆，然后在水平和垂直方向上分别拉出一条参考线，置于圆的中心，效果如图 5-11 所示。

步骤二：接着将该图层栅格化，使用矩形选框工具将右上角的部分选中，按【Delete】键将它删除，这样就得到了一个 1/4 的圆，如图 5-12 所示。

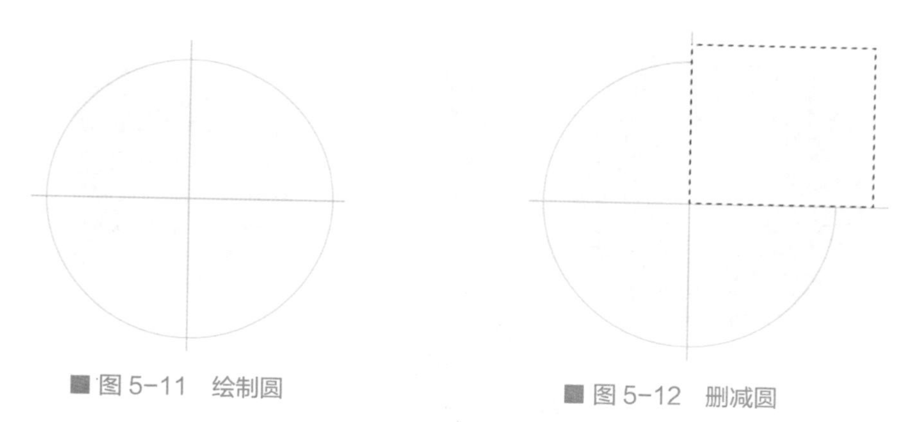

■ 图 5-11　绘制圆　　■ 图 5-12　删减圆

步骤三：使用选框工具，将圆的多余部分选中，再进行反选，给图层加上蒙版，再给圆环加上一些小圆，就绘制出圆环了，如图 5-13 所示。

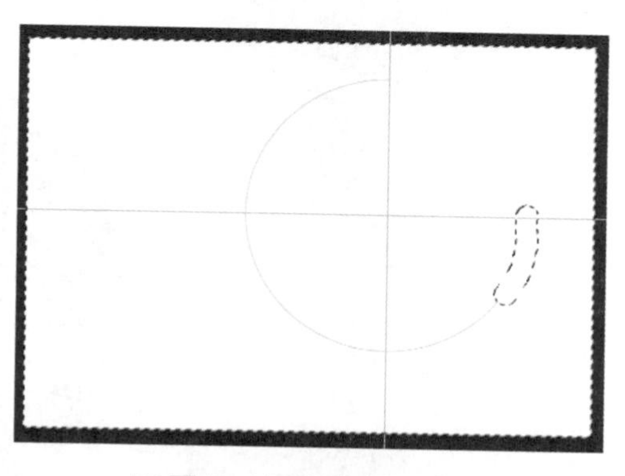

■ 图 5-13　添加图层蒙版

再用同样的方法绘制里面的圆环即可，最终效果如图 5-14 所示。

（3）图片排版方法

在画册设计中，经常要运用大量的图片，我们要保证在排版时能够给人协调统一的视觉美感。图片排版成圆环效果如图 5-15 所示。操作步骤如下：

■ 图 5-14　最终结果　　■ 图 5-15　图片排版成圆环

步骤一：首先，绘制两个圆，运用布尔运算得出圆环，如图 5-16 所示，然后保留其中的一个小扇形，如图 5-17 所示。

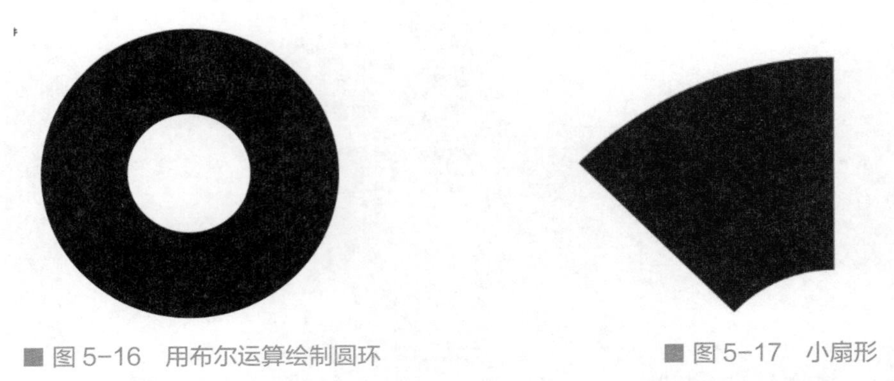

■ 图 5-16　用布尔运算绘制圆环　　■ 图 5-17　小扇形

步骤二：选中小扇形图层，按住【Ctrl+T】组合键，再按住【Alt】键，将图形的中心点放到圆环的中点，围绕圆环的中心重复旋转，得到圆环之后，把图片放在对应的小扇形中，然后用剪切蒙版的方法就可以把图片放进小扇形了，如图 5-18 ～图 5-20 所示。最终效果如图 5-21 所示。

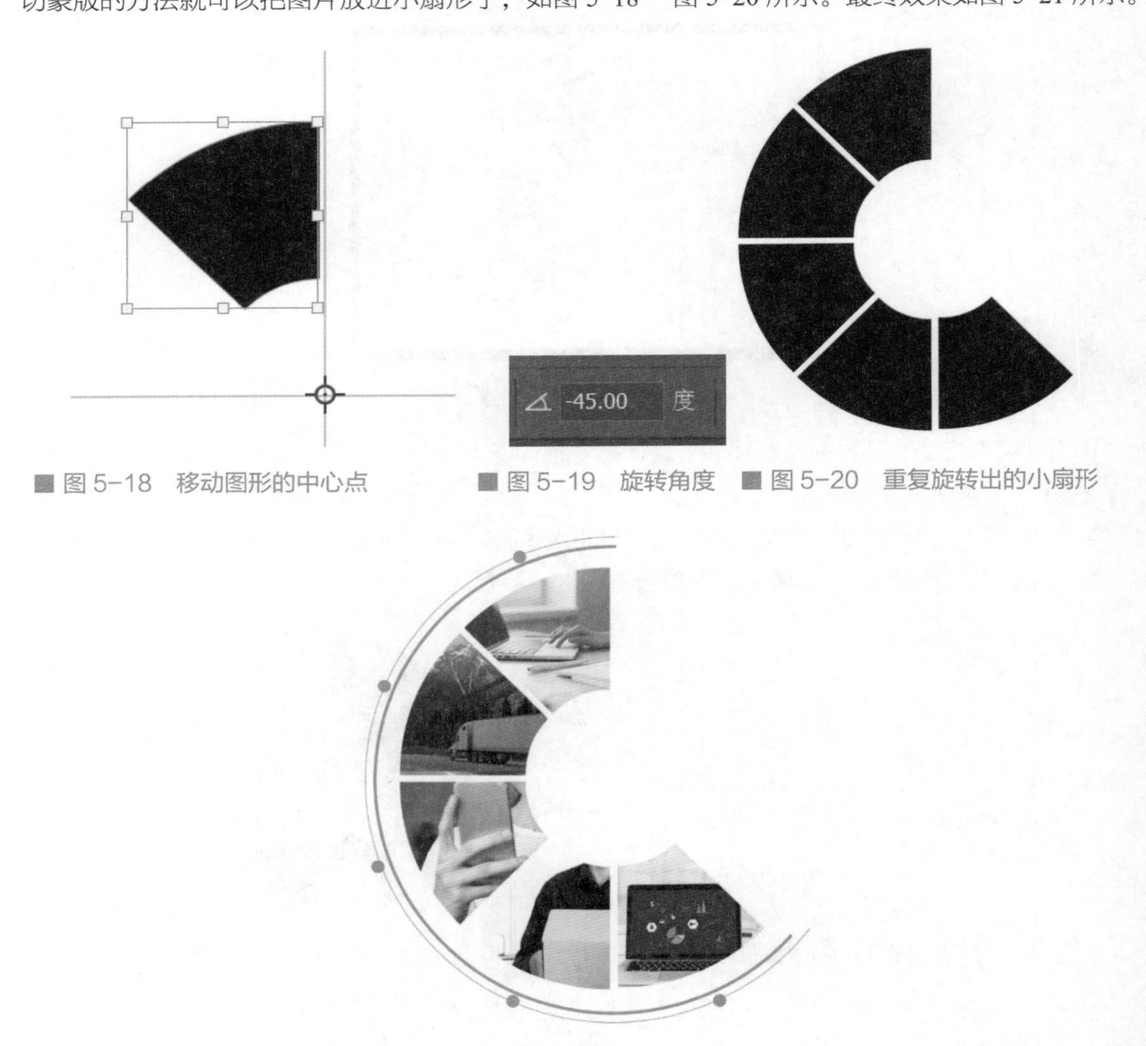

■ 图 5-18　移动图形的中心点　■ 图 5-19　旋转角度　■ 图 5-20　重复旋转出的小扇形

■ 图 5-21　最终效果

案例二：制作画册页面 2

画册页面效果如图 5-22 所示。打开案例 5.2 的 PSD 源文件，可以看到画册设计的全部图层信息。接下来，我们来学习一下制作要点。

■ 图 5-22　画册页面

（1）新建文件

打开 Photoshop CC 软件，单击“文件”→“新建”命令，新建一个宽度为 3 579 像素，高度为 2 551 像素，分辨率为 300 像素的文件，颜色模式为 CMYK。

（2）图标的绘制方法

步骤一：首先绘制一个三角形和矩形，将矩形的下面两个角设置为圆角，用直接选择工具调整三角形的点。接着，再绘制三个圆角矩形，进行最后的排版，一个仓库的图标就绘制出来了，如图 5-23 ～图 5-26 所示。

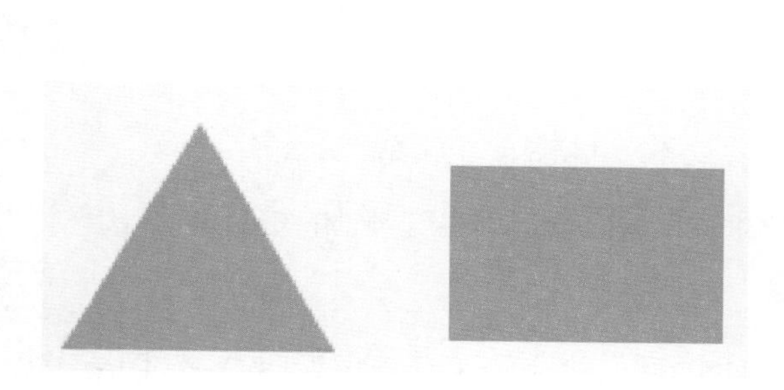

■ 图 5-23　绘制图形

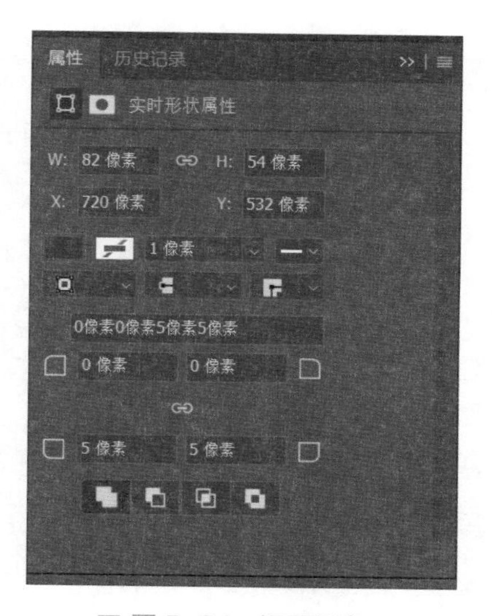

■ 图 5-24　设置圆角

■ 图 5-25　移动两个图形

■ 图 5-26　最终效果

步骤二：绘制两个矩形，移动两个矩形的位置，接着再绘制一个矩形，用直接选择工具，将矩形变为梯形，再复制一个梯形出来，缩小放在矩形的中央，将小矩形颜色修改为白色，如图 5-27 ～图 5-29 所示。

■ 图 5-27　绘制矩形

■ 图 5-28　绘制梯形

■ 图 5-29　效果图

运用布尔运算绘制出车轮，也就是圆环，如图 5-30 所示。最后进行排版，一辆车就制作好了，如图 5-31 所示。

■ 图 5-30　绘制圆环

■ 图 5-31　车的效果图

步骤三：其他的小图标大家可以参照以上方法，同时结合运用自己所学的知识来进行绘制。

案例三：制作画册页面 3

画册页面效果如图 5-32 所示。打开案例 5.2 的 PSD 源文件，可以看到画册设计的全部图层信息。接下来，学习一下制作要点。

物流公司画册设计3

■ 图 5-32　画册页面

（1）新建文件

打开 Photoshop CC 软件，单击“文件”→“新建”命令，新建一个宽度为 3 579 像素，高度为 2 551 像素，分辨率为 300 像素的文件，颜色模式为 CMYK。

（2）图文排版的方法

步骤一：绘制一个正方形，如图 5-33 所示。同时复制出三个同样的正方形，然后排版成图 5-34 所示的样子，再绘制一个矩形，就制作出底部的图形了。

■ 图 5-33　绘制正方形

■ 图 5-34　进行排版

步骤二：再把图片移动到所需要放入的正方形，图片的图层需要位于正方形的上边，右击图片图层，选中创建剪切蒙版，这样就完成了。效果如图 5-35 所示。

■ 图 5-35　最终效果

创新创业小妙招——如何又快又好的打印画册

在设计好画册之后，需要对设计的内容进行校正，以防会有错别字或者其他的小错误，然后导出为 PDF 格式再去打印店。为了确保图片和文字可以被正确输出，在打印画册之前，我们需要注意很多小细节，首先需要把文件转化为 CMYK 模式，这是为了配合打印机的四色印刷；其次，如果设计师在设计过程中，用了一些非系统自带的字体，那么最好打印时也带上字体的源文件，同时还可以标注好字体名称；最后，需要了解的是不同纸张、印刷工艺所呈现出来的效果是不一样的，所以在打印画册之前，我们可以了解以下相关的知识，这样可以更好地把握最后打印出来的效果。

本章小结

本章主要介绍了画册的设计原则以及制作画册的配色方案、方法技巧等，通过制作企业宣传画册设计的案例，学习了布尔运算、形状绘制及剪切蒙版的使用方法。画册主要是由封面页，目录页和内容页构成，同学们想要做出一个精美的画册，还需要在课后时间多加练习！

课后检测

请为某设计杂志内文（旅游版式）做版式设计，尺寸为 15 厘米×20 厘米，要求创意新颖，视觉效果好，最后对自己的设计作品进行文字说明，不少于 150 字。

第6章 创新项目实践——展板设计

6.1 课前学习——展板的种类及应用

日常生活中，我们总能看到商场、企业、学校、小区等地方都摆放着引人注目的广告展板，这些展板有耐人寻味的广告文字，有令人赏心悦目的画面设计，广告展板制作让这些广告立马就引起了大家的关注，从而达到广而告之的效果！

我们在设计展板时，要首先了解展板用于什么环境，需要用什么材料制作，尺寸大小多少，因为这些关系着画面元素的排版以及分辨率的设置，收集了用户需求之后，然后再使用 Photoshop 进行设计。

（1）舞台背景

在举办晚会、会议时，舞台背景能够烘托活动的主题和氛围，舞台背景分为 LED 背景、喷绘背景等，在设计时，要到现场测量精确的尺寸，并与活动主办方沟通了解活动内容和意义，设计出符合环境的舞台背景，有时还需要制作出更直观的实景效果图，提供给客户进行讨论。效果如图 6-1、图 6-2 所示。

■ 图 6-1　某公司文艺汇演舞台背景展板设计

■ 图 6-2　舞台背景展板效果图设计

（2）文化宣传栏

企事业单位比较注重企业文化建设，会在办公区域设置文化宣传栏，展示企业文化及最新政策等，有利于企业宣传自身的核心价值观。若文化宣传栏设置在户外，则需要挑选经久耐用的材料，比如亚克力、雪弗板、不锈钢等，画面设计完成后，还要对后期制作进行跟踪，了解制作材料及工艺，选择合适的材料进行制作及现场安装，效果如图 6-3 所示。

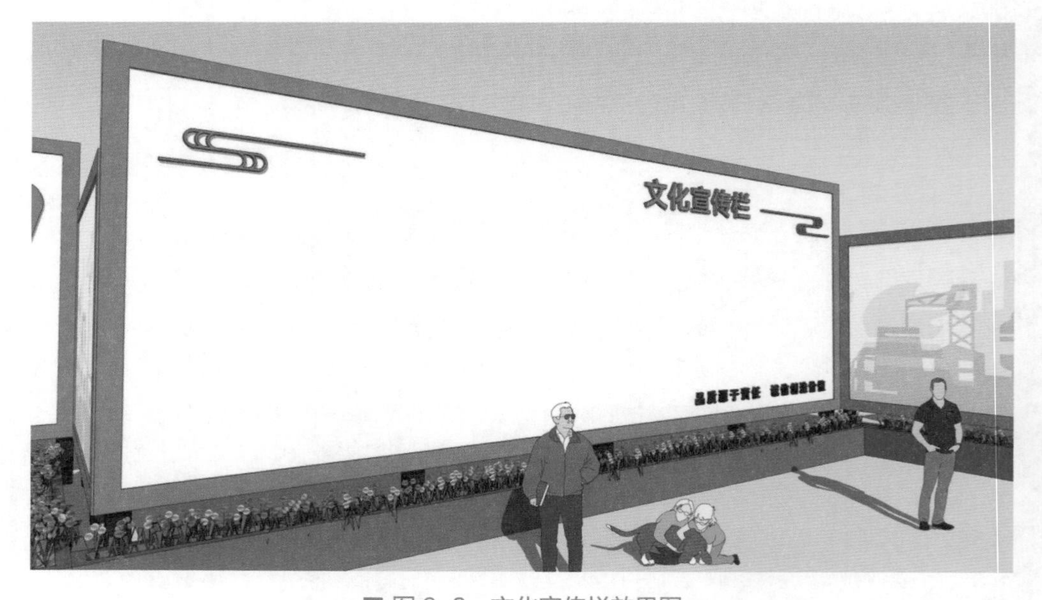

■ 图 6-3　文化宣传栏效果图

（3）楼道文化墙

在室内场景中，可以利用墙面进行文化宣传。目前的广告制作工艺支持异形图案的切割，在设计上，可以更加大胆地去发挥想象力。楼道文化墙的材料有 KT 板、亚克力等，在设计时。要与企业的 VI 设计相配套，从 Logo 和文化宗旨等方面进行结合，尽量给人统一的企业形象识别，效果如图 6-4 所示。

■ 图 6-4　楼道文化墙

（4）X 型展架

X 型展架顾名思义，支撑展板的架子呈 X 形状，X 型展架具有材质轻巧、方便携带、价格便宜的特点，适合用在展会中，展架可以拆开折叠，展布可以卷起，整个展架可以整理成一个 50cm 长的圆柱体。但 X 型展架的缺点是支撑力度不够，遇到大风容易被吹倒，只能用于展示时间较短的活动中，如图 6-5 所示。

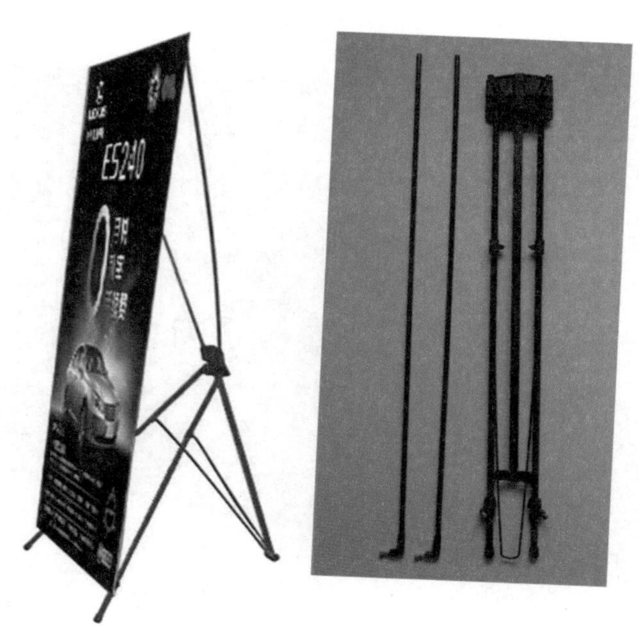

■ 图 6-5　X 型展架

（5）易拉宝

易拉宝的材质与 X 型展架有很多相似之处，但易拉宝是由一个底座支撑的，使用时，把易拉宝从两端拉开，用一个铁杆从背部支撑起来，不使用时，将铁杆收起，将易拉宝收缩卷起来即可，使用寿命相对于 X 型展架来说更长一些，效果如图 6-6 所示。

■ 图 6-6　易拉宝展架

（6）大型喷绘

我们常在街道旁或楼宇外看到很多大型的广告喷绘，这些大型喷绘的尺寸非常大，通常宽度在 10 m 以上。在设计文件时，一定要设置大尺寸的文件，才能保证打印输出时，画面是清晰不模糊的。也可以用矢量图制作软件，如 Adobe Illustrate 或者 Coral Draw 来设计，因为矢量图不会随着文件尺寸的大小变化而失真，效果如图 6-7 所示。

■ 图 6-7　户外喷绘

（7）灯箱广告

在地铁站、火车站、机场等场所，经常可以看到大量的灯箱广告。安装了照明装置的灯箱可以在光照不足的情况下也引人注意。灯箱广告的制作费用较高，而且在投放时，还需要根据地段及广告资源位来确定投放价格，效果如图 6-8 所示。

■ 图 6-8　灯箱广告

（8）擎天柱广告

在高速公路上，每隔几百米就可以看到擎天柱广告。在设计擎天柱广告时，要从受众的需求出发，在高速公路上疾驰的司机和乘客们很少有时间仔细阅读广告上的信息，因此广告内容要简单易懂，字体要足够明显清晰，如图 6-9 所示。

■ 图 6-9　擎天柱广告

（9）活动场地广告物料布置

在大型活动的场地布置上，需要设计、制作和安装多种广告物料，往往会使用到喷绘布、KT 板、涂塑板、旗帜布、地贴等材料。由于广告物料数量多，价格高，需要在设计画面之前，到实地进行场地测量，确定好每个物料的位置和尺寸，避免在制作环节出现问题，造成损失，效果如图 6-10 所示。

（a）某比赛场地广告物料

（b）某比赛场地中圈地贴

（c）某比赛场地户外旗帜

■ 图 6-10　活动场地广告布置

6.2 课堂学习——公司招聘 X 型展架设计

本案例是制作在招聘会上展示的 X 型展架。为了能够引起应聘者的注意，在配色上使用的对比色为红和蓝，蓝色作为背景色，显得严谨大气，红色作为点缀色，视觉冲击力强。画面中以文字为主，因此把主要信息的字体设置为比较大的字号，主要标题还使用了标题背景色和时间引导线，引导应聘者进行阅读，减轻阅读负担，短时间了解招聘信息的重点。因此，在设计时，设计师要有同理心，要有换位思考的能力，把自己当成应聘者，把应聘者最关注的内容进行加粗或着重显示，才能做出“以用户为中心”的好设计！效果如图 6-11 所示。

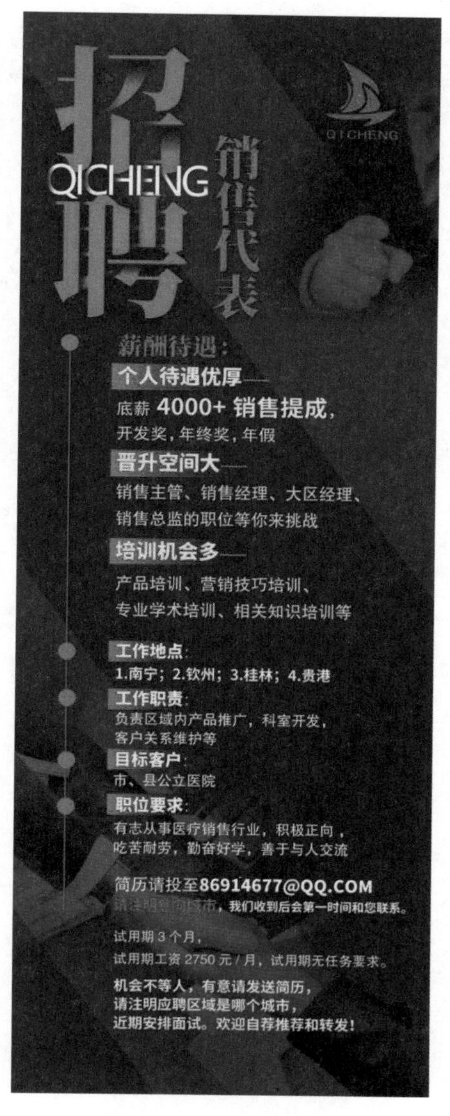

■ 图 6-11　招聘 X 型展架

打开案例 6.2 的 PSD 源文件，可以看到招聘展架设计的全部图层信息。接下来，我们来学习一下制作要点。

（1）新建文件

打开 Photoshop CC 软件，单击“文件”→“新建”命令，新建一个宽度为 60 厘米，高度为 160 厘米，分辨率为 150 像素的文件，颜色模式为 CMYK，如图 6-12 所示。以展架的实际尺寸来建立 PSD 文件，能保证印刷出来的画面清晰，使用 CMYK 印刷专用模式，能保证印刷出来的画面颜色不失真。

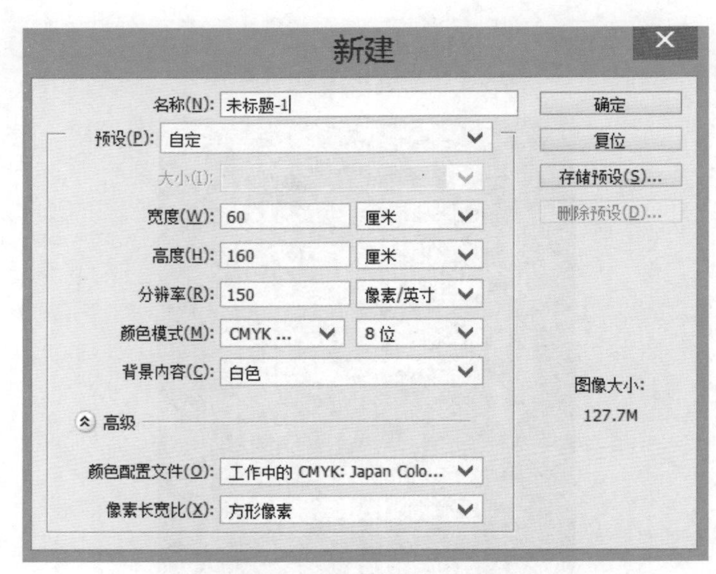

■ 图 6-12　新建文件

（2）立体的标题制作方法

立体标题如图 6-13 所示。制作步骤如下：

■ 图 6-13　立体标题

步骤一：用文字工具打出一个“招”（字体为思源宋体，字重为 Bold，其他字体也可以做相同效果），如图 6-14 所示。并给这个文字图层添加图层蒙版，如图 6-15 所示。

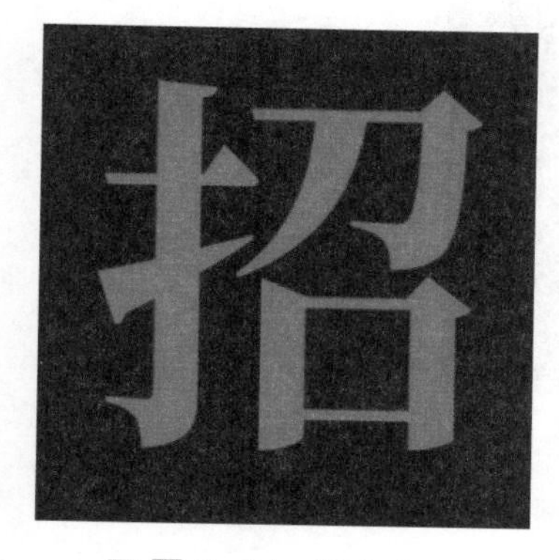

■ 图 6-14　输入文字

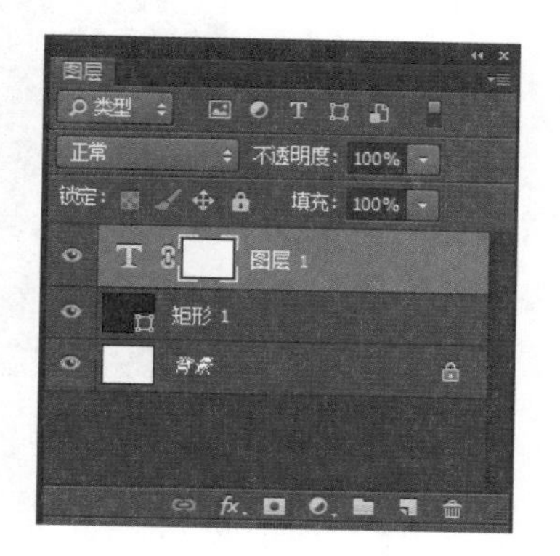

■ 图 6-15　添加图层蒙版

步骤二：选择矩形框选工具将需要擦除的地方选中，如图 6-16 所示。

■ 图 6-16　矩形选框选择需要渐变的区域

步骤三：选中画笔工具，选择柔边圆画笔，前景色设置为黑色，往图层蒙版上擦出渐变的效果，如图 6-17、图 6-18 所示。

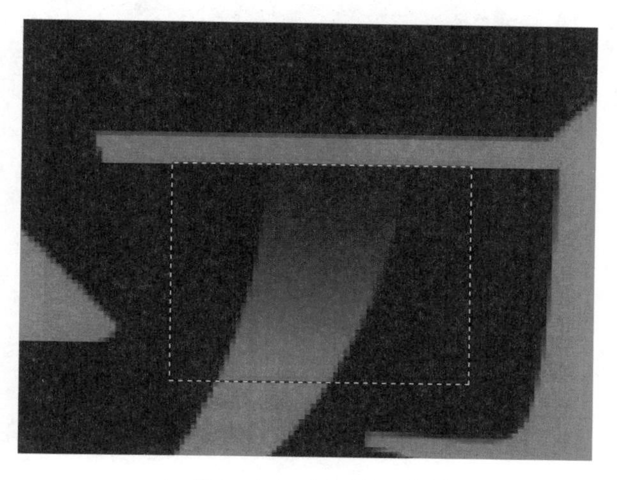

■ 图 6-17　添加图层蒙版

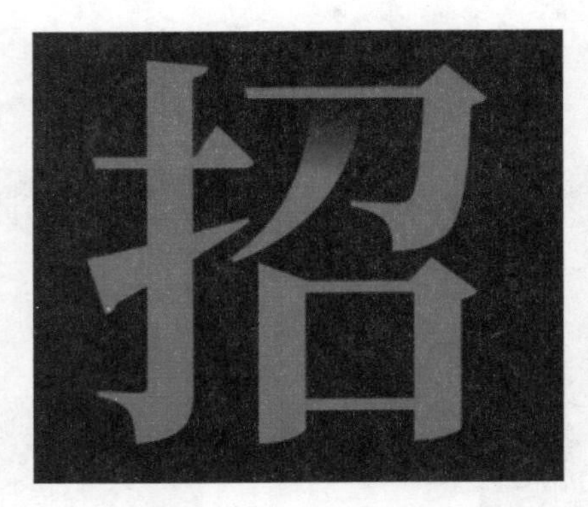

■ 图 6-18　渐变效果

步骤四：如法炮制，将其他需要做渐变叠加效果的笔画也一并做相同的效果即可。如果字体的线条不规则，用套索工具亦可。

（3）段落文字及修饰元素对齐的方法

掌握“对齐”原则，可以让作品看起来专业性更强。本案例中，有大量的段落文字及修饰元素，如果仅靠肉眼判断它们是否对齐，还是会有参差不齐的问题，那么如何更快更好地实现完全对齐产生图 6-19 所示的效果呢？

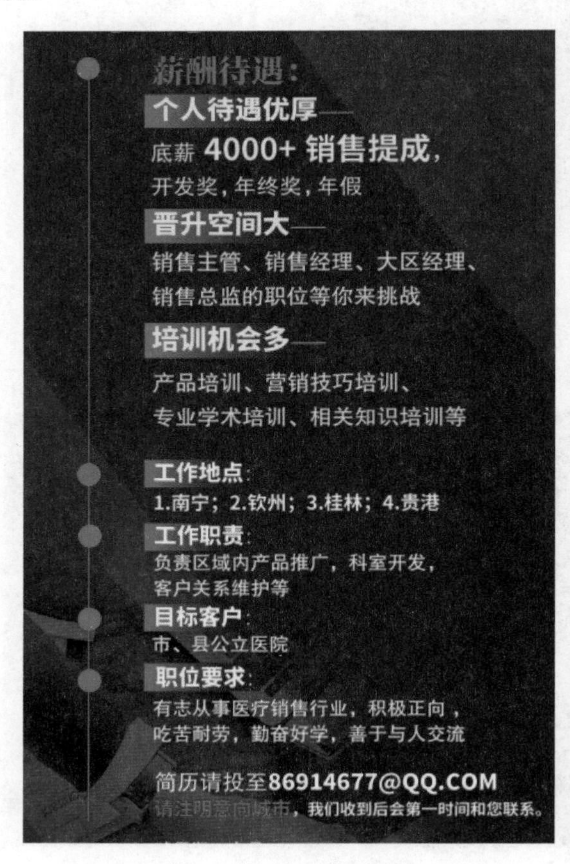

■ 图 6-19　图层精确对齐

以这七个红色渐变的标题背景为例，为了方便管理，把这七个标题背景放在了一个组里，按住键盘【Shift】键，连续选择七个图层，如图 6-20 所示。

■ 图 6-20　连续选中图层

接着在菜单栏下，有一排对齐选项，分别为顶对齐、垂直居中对齐、底对齐、左对齐、水平居中对齐、右对齐等。根据需要选择一种对齐方式，在本案例中，选择左对齐即可将七个标题背景精确对齐，如图 6-21 所示。

■ 图 6-21　对所选图层进行左对齐操作

6.3 课堂学习——旅游宣传展板设计

旅游宣传展板设计

本案例是一幅走廊广告展板，宽 1 800 厘米× 高 700 厘米，介绍上林县的农业生态旅游，使用了类似杂志排版的风格，简洁、整齐、重点突出，左、中、右三个板块图文并茂，将上林县的美景展现出来，效果如图 6-22 所示。

上林——
生态旅游的名片

上林，拥有“中国长寿之乡”、首府南宁“后花园”“徐霞客最眷恋的地方”等诸多名片。近年来，上林县抓住机遇，以加快旅游业发展为主线，以创建广西特色旅游名县为目标，奋起追赶，成为国家级生态示范区、全区首批 20 个特色旅游名县创建单位。这方山清水秀、生态优美的旅游胜地也吸引了各地游客。

唱响“两朵金花”
发展生态观光农业旅游

油葵花、油菜花“两朵花”，已经成为上林的另一张靓丽名片。上林依托这些得天独厚的自然生态和人文生态资源，围绕客盛旺园，实施绿色旅游提升工程，培育旅游产业品牌，取得了积极成效。

力推“三湖一寨”
打造广西特色旅游名县

上林县充分利用生态旅游养生节、多个地方民俗文化节、葵花节、油菜花节等特色节庆活动，不断打响特色旅游品牌。目前，上林县逐步形成了以大龙湖景区景点为重点的山水风情旅游线路，以金莲湖景区为重点的佛教文化旅游线路，以霞客古渡、东红湿地婚纱摄影基地、唐城遗址、不孤状元村等为重点的徐霞客足迹旅游线路，以大明山为重点的健康登山养生旅游线路，以油菜花、油葵花等赏花活动为内容的农业观光旅游线路，以上林生态旅游养生节、木山卢於春社、白圩万寿节、塘红龙母文化节、三里渡河公节等文化旅游节庆活动为主的节庆旅游线路。

■ 图 6-22　旅游宣传展板

使用标尺工具对 PSD 源文件进行对齐检查，发现水平方向和垂直方向上的图片和文字素材都能够精确对齐，使用的是 Photoshop 中的对齐命令。上一个案例已经介绍了对齐工具的使用，大家通过本案例来继续练习吧！画面元素对齐效果如图 6-23 所示。

■ 图 6-23　画面元素对齐

6.4 课堂学习——当地农产品宣传展板设计

本案例是制作宣传上林县特色农业发展的展板，制作材料是高清车贴。可以通过本案例来学习竖幅海报的排版，在配色上使用了代表生命力的绿色，背景为浅绿色渐变，标题和正文字体颜色为绿色，单色的设计给人自然清新的感觉。正文中提到了上林大米、上林八角、上林甘蔗等农产品，因此在画面中插入了这些农产品的图片，给人直观的印象。

农产品宣传展板效果如图 6-24 所示。打开案例 6.4 的 PSD 源文件，可以看到招聘展架设计的全部图层信息。接下来，我们来学习一下制作要点。

（1）使用蒙版合成图片

为了使插入的农产品图片与画面自然融合，使用蒙版工具进行图片合成。在图层面板中，在大米图片所在图层插入图层蒙版，前景色设置为黑色，背景色设置为白色，选择渐变工具，在图层蒙版上拉出一条黑色至白色的渐变，从而实现从透明至不透明的过渡效果，如图 6-25 所示。

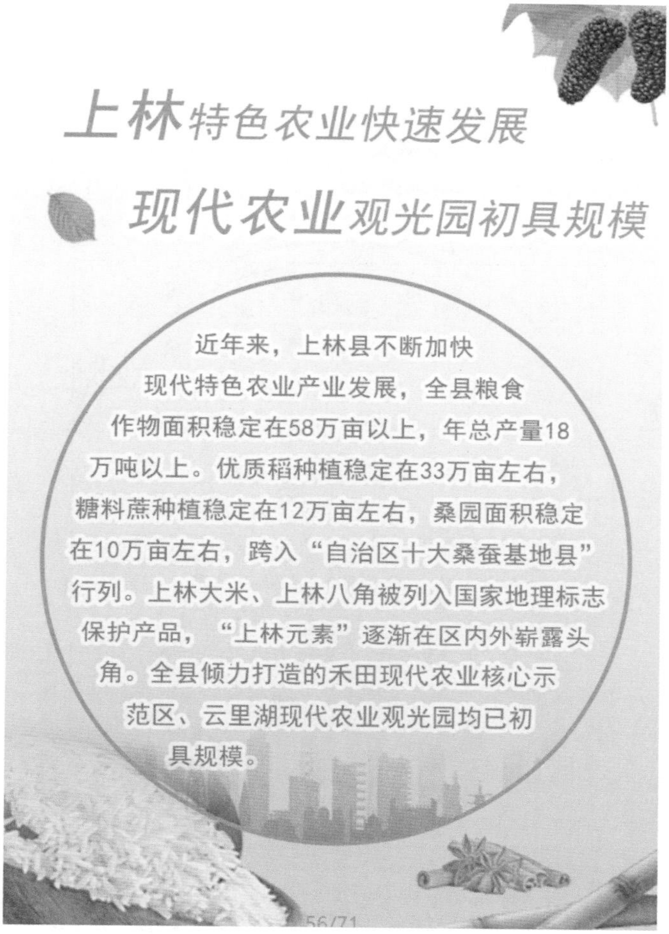

上林特色农业快速发展
现代农业观光园初具规模
近年来，上林县不断加快现代特色农业产业发展，全县粮食作物面积稳定在58万亩以上，年总产量18万吨以上。优质稻种植稳定在33万亩左右，糖料蔗种植稳定在12万亩左右，桑园面积稳定在10万亩左右，跨入“自治区十大桑蚕基地县”行列。上林大米、上林八角被列入国家地理标志保护产品，“上林元素”逐渐在区内外崭露头角。全县倾力打造的禾田现代农业核心示范区、云里湖现代农业观光园均已初具规模。

■ 图 6-24　农产品宣传展板

农作物
timg_image&quality=80&size=b9999_10000&sec...
timg_image&quality=80&size=b9999_10000&sec=151409(13) ...
timg_image&quality=80&size=b9999_10000&sec=151409(12)
timg_image&quality=80&size=b9999_10000&sec=151409(5)

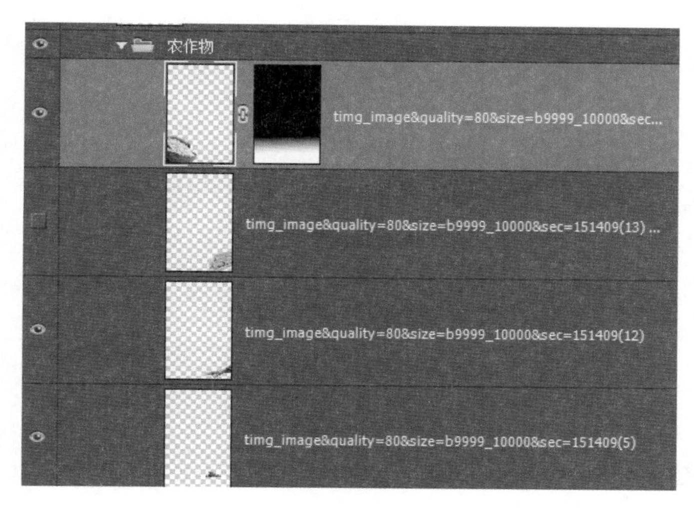

■ 图 6-25　添加图层蒙版

（2）圆形段落文字

我们若选择文字工具直接在图层上输入段落文字，所呈现的是矩形，如何输入特殊形状的段落文字呢？可以使用形状工具和文字工具来实现。首先选择形状工具里的椭圆工具，按下键盘【Shift】键，绘制一个正圆形，接着再选择文字工具在正圆上单击，Photoshop 自动识别后将输入方式转化成形状文字，输入的段落文字就可以按照圆形来排版了，如图 6-26 所示。

■ 图 6-26　形状文字

（3）文字描边效果

由于背景色为浅绿色，字体颜色为绿色，为了让字体更突出，设置了文字描边效果。在图层面板上打开 fx 图层样式，为文字图层选择描边样式，如图 6-27 所示。

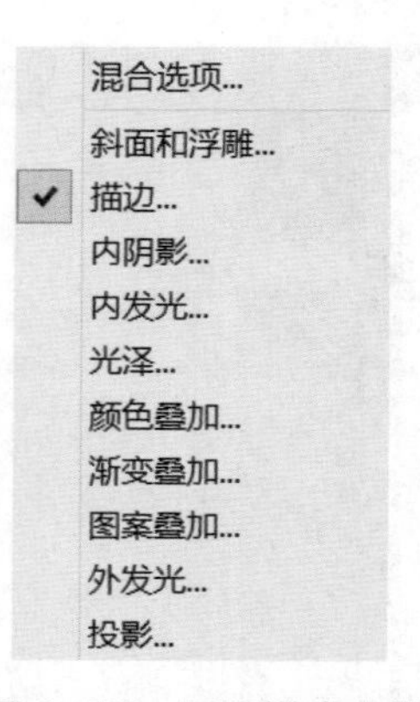

■ 图 6-27　图层样式之描边

在打开的描边面板中，设置大小为 9 像素，颜色为白色，不透明度为 60% 的描边效果，如图 6-28 所示。

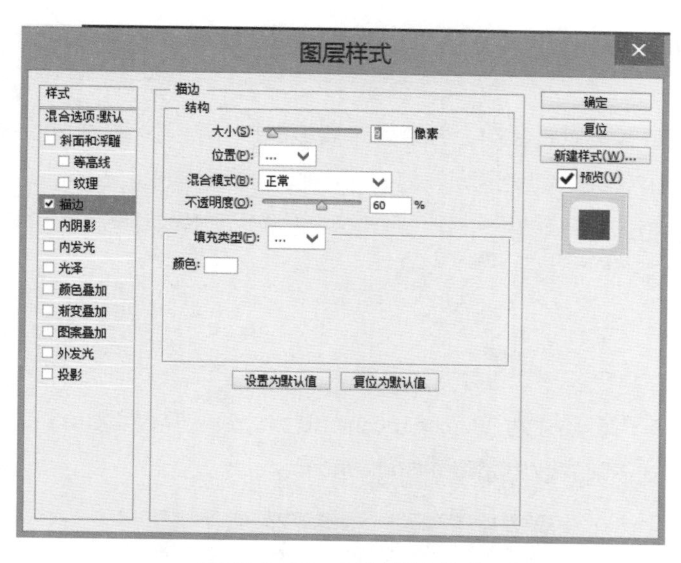

■ 图 6-28　设置描边样式

创新创业小妙招——如何测量场地确定展板尺寸

在大型活动的场地布置上，需要设计、制作和安装多种广告物料，往往会使用到喷绘布、KT板、涂塑板、旗帜布、地贴等材料。由于广告物料数量多、价格高，需要在设计画面之前，到实地进行场地测量，确定好每个物料的位置和尺寸，避免在制作环节出现问题，造成损失。如果广告物料较多，就需要制作物料清单，如图 6-29 所示，把每个项目的尺寸、位置、数量、材质要求标示清楚，方便广告制作公司根据需求制作物料。

在测量尺寸时，要及时记录尺寸，可以使用厘米作为单位，把高度所在的尺寸用（H）符号标明，可以用平方、个、套等作为数量的单位，方便广告制作公司计算报价。

大五联赛-西南赛区-场馆物料清单

序号	项目		尺寸	位置	材质要求	数量	单位
1	球场	主背景板	1400CM*240CM(H)	A区下方墙上	涂塑板	34	平方
2		主背板两侧	950CM*240CM(H)	A区下方墙上	涂塑板	46	平方
3		A板	300CM*100CM(H)	主背板前	UV黑底喷绘布	26	套
4		球托架	20cm*20cm		黑胶车贴	1	个
5		中圈地贴	36平米	球场中圈	黑胶车贴+地板膜	1	套
6		瞬采版	150*210（H）	场边	涂塑板	1	套
7		直播背景板	210*150（H）	主机位	涂塑板	3.36	平方
8		二层围挡	730CM*65CM（H）	B区（主席台右）	涂塑板	16.25	平方
			730CM*65CM（H）	B区（主席台右）			
9			1060CM*65CM（H）	A区（主席台）		27.30	平方
			1480CM*65CM（H）	A区（主席台右）			
			1430CM*65CM（H）	A区（主席台左）			
10			740CM*65CM（H）	D1区		7.15	平方
			490CM*65CM（H）	D区中间			
11			740CM*65CM（H）	D2区		7.15	平方
12			1030CM*65CM（H）	C1区		6.50	平方
13			1140CM*65CM（H）	C2区		8.13	平方
14		竖幅	150cm*1000cm(H)	安全网外	双面喷	6	面

■ 图 6-29　物料清单

本章小结

本章介绍了展板的种类以及应用，并讲解了展板的设计原则：简洁、整齐、醒目。通过 X 型展架、走廊展板、竖幅展板的案例练习，复习了蒙版、图层样式、文字工具、对齐工具的使用，介绍了展板制作的完整流程：设计→制作→安装，让学生了解其中应注意的问题，能够在实际工作中做出“以用户为中心”的设计。

课后检测

请设计一个灯箱广告，尺寸为 70cm×150cm（H），颜色模式为 CMYK，主题为“垃圾分类，从我做起”，表现形式不限，效果如图 6-30 所示。

■ 图 6-30 课后检测题图

第 7 章

创新项目实践——Logo 及名片设计

7.1 课前学习——最新 Logo 设计流行趋势解析

Logo 设计是平面设计中非常重要的领域，根据 LogoLounge 网站最近发布的 15 种 Logo 设计流行趋势，可以明显看出在技术和设计元素上有了一些创新，会更多地使用渐变色设计、几何图形设计以及创新字体的设计等。下面让我们来了解并分析一下最新的 Logo 设计流行趋势。

（1）计数器

在 Logo 设计中，运用箭头、线条和矩形等类似计数器的元素，再进行排版组合，能够创造出极佳的视觉效果，给人无限的想象空间。含有计数器的 Logo 效果如图 7-1 所示。

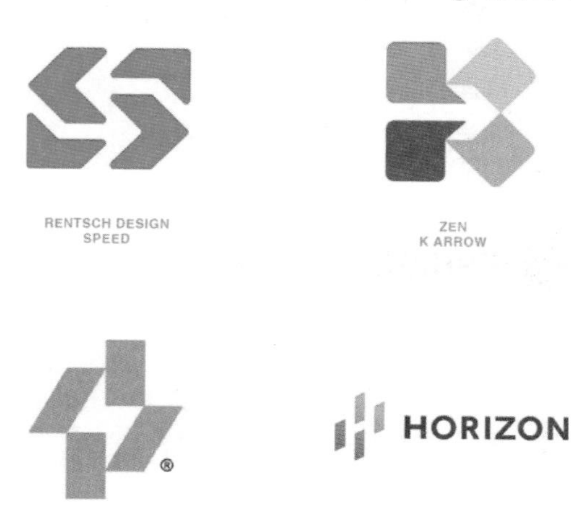

■ 图 7-1　含有计数器的 Logo

（2）迷宫线条

迷宫作为一种有趣味性的挑战游戏，能够很好地锻炼人的想象与创造能力。把迷宫和设计融合在一起，设计出来的 Logo 是单线美学的延续与正负形的均匀分布。含有迷宫线条的 Logo 效果如图 7-2 所示。

■ 图 7-2　含有迷宫线条的 Logo

（3）同元素对称嵌套

这种类型的 Logo 的主要特点就是由两个相同的图案构成。这种设计思想给人一种匀称、均衡的美，让人产生信任感，传达并建立牢固的伙伴合作关系，这种伙伴关系相对来说是公平的，对双方都有利的。含有对称元素的 Logo 效果如图 7-3 所示。

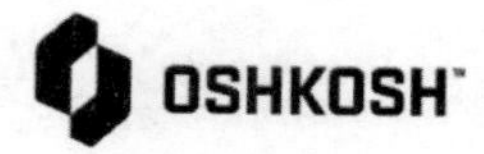

DESIGNER UNKNOWN
OSHKOSH

DESIGNER UNKNOWN
UNIVAR SOLUTIONS

■ 图 7-3　含有对称元素的 Logo

（4）像素块、电路板

由一个个像素块组成的电路板形状的 Logo，看起来极具科技感，每一个方形像素块有序分布，体现了品牌内涵的同时也保持了时代特色。含有像素块、电路板的 Logo 效果如图 7-4 所示。

ALEX TASS
COINBASE

ARTSIGMA
D UP

DESIGNER UNKNOWN
SAMSUNG

MASEJKEE
3SF

■ 图 7-4　含有像素块、电路板的 Logo

（5）弧形斜角

不同于边角四边形带来的严谨性，圆角更显得精致，给人一种舒服的感觉，同时设计出来的 Logo 也更具有活力。含有圆角的 Logo 效果如图 7-5 所示。

SMITH & DICTION
KINDNESS.ORG

MATCHSTIC
WELLROOT

PATRICK RICHARDSON
LOVELAND PRODUCTS

JOHNSON BANKS
DUOLINGO

■ 图 7-5　含有圆角的 Logo

（6）可变字体

近年来流行的可变字体技术使字体大小、宽度和字体在一定范围内动态变化，从而产生特殊的视觉效果。含有变化字体的 Logo 效果如图 7-6 所示。

■ 图 7-6　含有变化字体的 Logo

（7）字母与点的结合

把字母 i 的点转变为大圆点，再通过色彩强化、镜像和倒置等各种方式突出圆点，这样大胆的设计风格也将会是一种新的趋势。字母与点结合的 Logo 效果如图 7-7 所示。

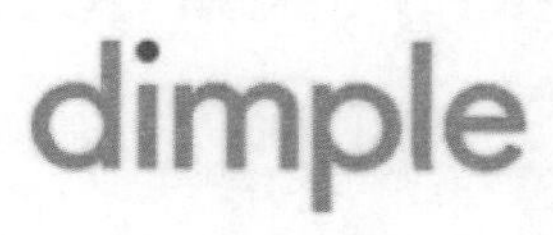

■ 图 7-7　字母与点结合的 Logo

7.2 课堂学习——某汽车用品公司 Logo 及名片设计

公司 Logo 设计要依据公司的构成结构、行业类别、经营理念，结合考虑到接触的对象以及应用的环境，为公司制定合适的标识。进行 Logo 设计时要简洁：越简单越容易被别人记住，同时要有标识性；通用：用途广泛，能在媒介和应用上适用，要用矢量图设计，这样设计的 Logo 不会随着文件尺寸的大小变化而失真；经典：要充分了解品牌，把握设计潮流趋势，同时要有意蕴。名片则可以结合公司的 Logo 来进行设计，宣传公司的品牌和形象。

下面是某汽车用品公司 Logo 的案例，以绿色渐变为主，加上品牌名称，简约而又时尚，Logo 的图形还像一个螺丝，体现了汽车用品公司，具有标识性。名片的设计则是以蓝白绿组成，配色看起来严谨，高级而又时尚。效果如图 7-8 所示。

■ 图 7-8　某汽车用品公司 Logo 及名片设计

打开案例 7.2 的 PSD 源文件，可以看到招聘展架设计的全部图层信息。接下来，我们来学习一下制作要点。

（1）新建文件

打开 Photoshop CC 软件，单击“文件”→“新建”命令，新建一个宽度为 3 000 像素，高度为 3 000 像素，分辨率为 72 像素的文件，颜色模式为 RGB。

（2）绘制名片背面

步骤一：将背景填充为黑色，颜色为 #3333333，把图片导入进来，再绘制一个宽度为 1 798 像素，长度为 974 像素的矩形，将矩形栅格化，执行“滤镜”→“杂色”→“添加杂色”命令，给矩形添加投影效果，投影颜色为 #060001，如图 7-9 ～图 7-11 所示。

■ 图 7-9　新建文件

■ 图 7-10　导入图片以及绘制矩形

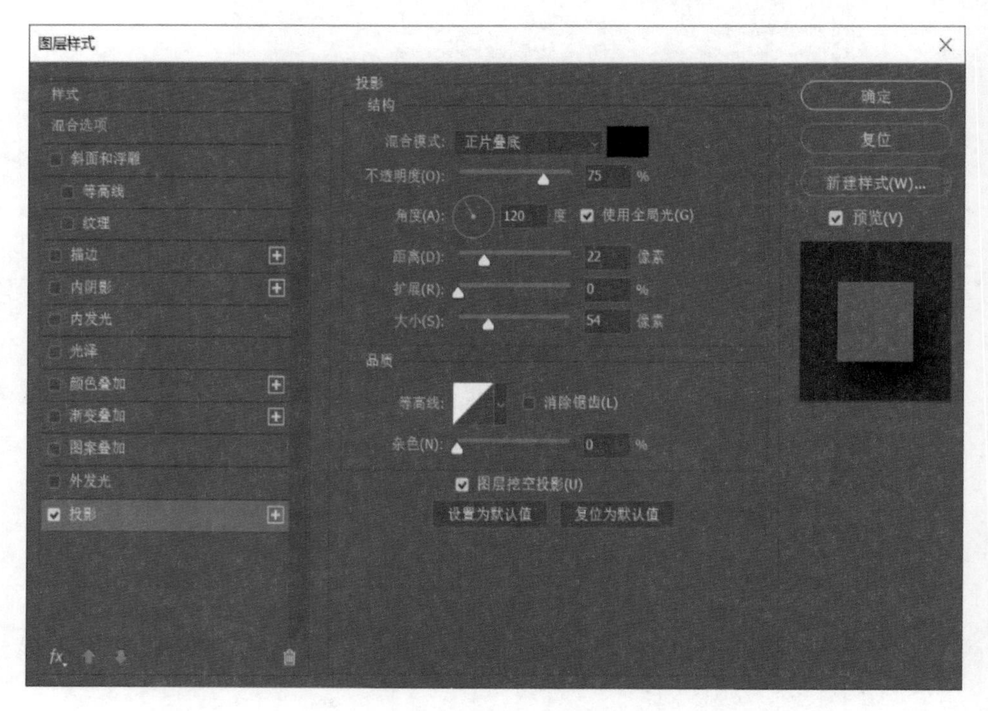

■ 图 7-11　投影效果

步骤二：使用文字工具，分别输入南宁龙腾汽车漆行和 LONGTENG，将两个文字图层栅格化，按住【Ctrl】键，同时选中图层，用渐变工具给文字添加颜色，渐变颜色为 #006600 和 #ccff33，如图 7-12、图 7-13 所示。

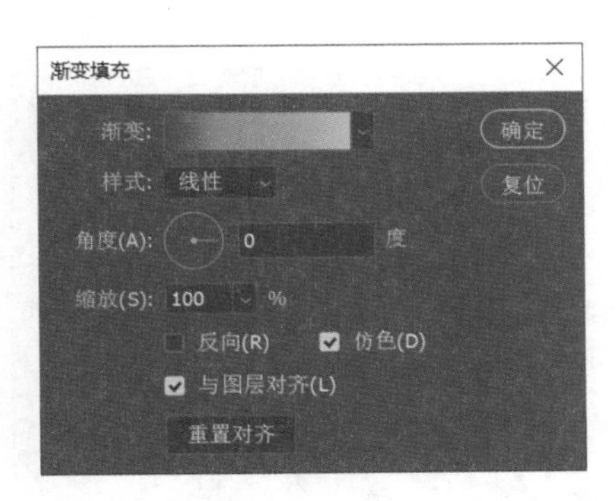

■ 图 7-12　给文字添加渐变填充

■ 图 7-13　文字效果

（3）绘制名片正面

步骤一：复制一个上面绘制好的矩形作为名片正面的底部，给矩形添加斜面和浮雕图层样式，如图 7-14 所示。然后绘制一个小的正方形，再复制出七个同样的正方形，如图 7-15 中所示移动位置再输入其他文字和导入二维码图片。

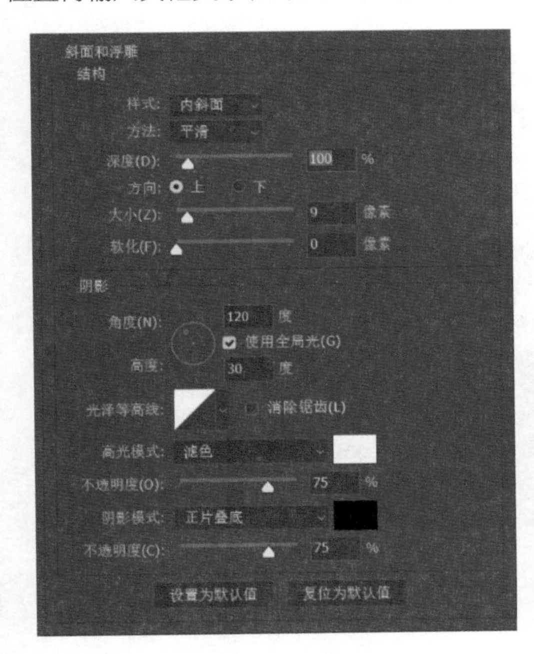

■ 图 7-14　添加斜面和浮雕图层样式

■ 图 7-15　添加文字和图片

步骤二：复制 LONGTENG 这个图层，设置“灰”→“白”→“灰”渐变，再添加斜面和浮雕图层样式，如图 7-16 所示。

步骤三：绘制一个矩形，填充为灰色，将上面两个顶点设置为圆角，执行“滤镜”→“杂色”→“添加杂色”命令。再绘制一个矩形，将矩形扭曲，添加斜面和浮雕、投影图层样式，如图 7-17 ～图 7-19 所示。

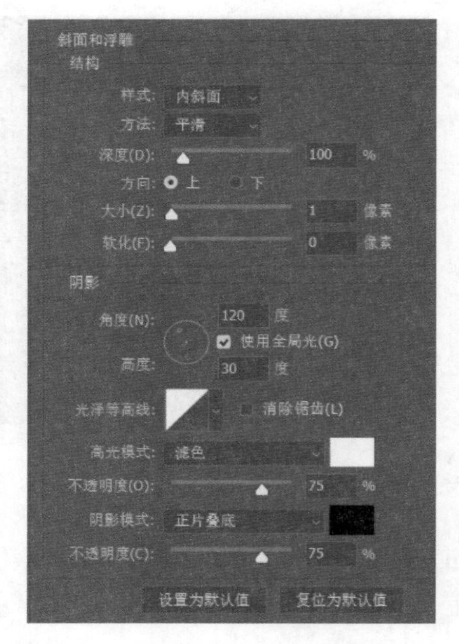

■ 图 7-16　添加斜面和浮雕图层样式

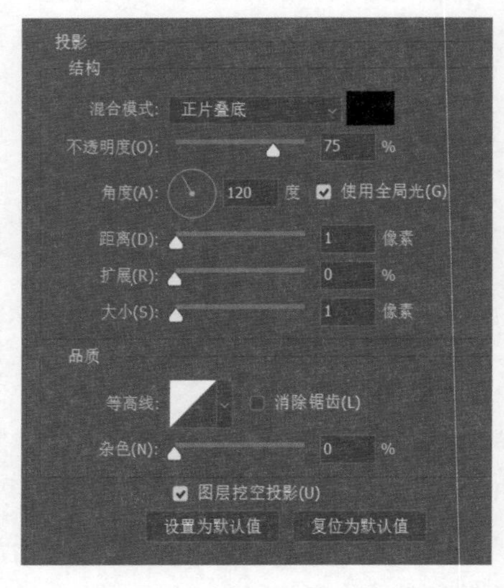

■ 图 7-17　斜面和浮雕图层样式参数

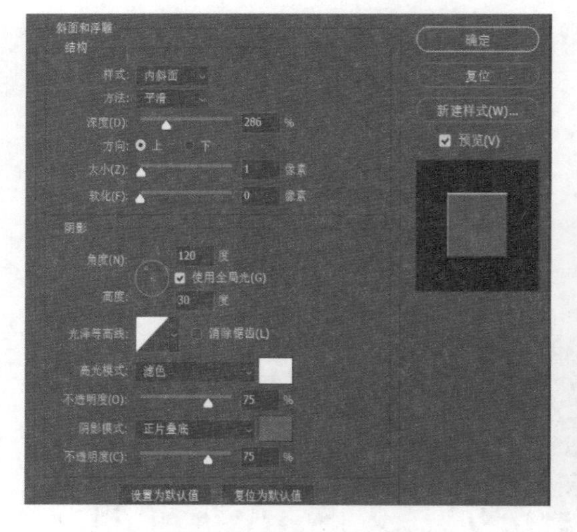

■ 图 7-18　投影参数

■ 图 7-19　名片效果

（4）制作 Logo

步骤一：绘制一个圆角矩形，把矩形旋转 45 度，然后用直接选择工具把矩形的锚点往中间调整，添加“灰”→“白”→“灰”的线性渐变，角度设置为 -60 度，给矩形加上斜面和浮雕、投影图层样式，如图 7-20、图 7-21 所示。最后再把刚才做的复制出来，移动到合适的位置，Logo 和名片设计就做好了，效果如图 7-22 所示。

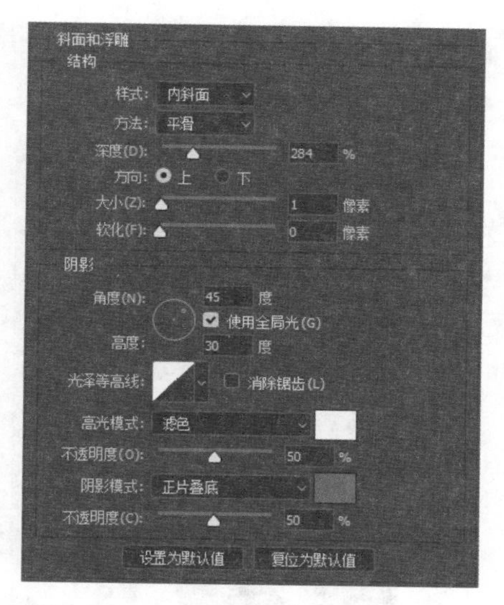

■ 图 7-20　斜面和浮雕图层样式参数

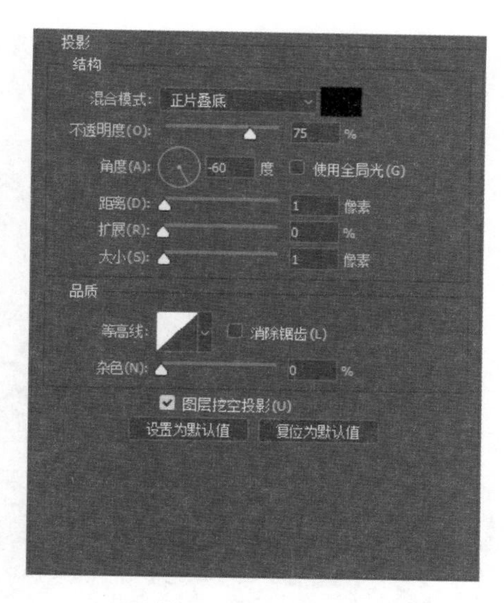

■ 图 7-21　投影参数

■ 图 7-22　绘制圆角矩形

步骤二：绘制一个椭圆，把上面的矩形复制一份出来，同时选中两个图层，执行“图层”→“合并形状”→“重叠处形状”命令，就能够得到一个扇形，可以用同样的方法绘制另外两个扇形，然后给三个扇形添加斜面浮雕和投影效果，如果 7-23、图 7-24 所示。

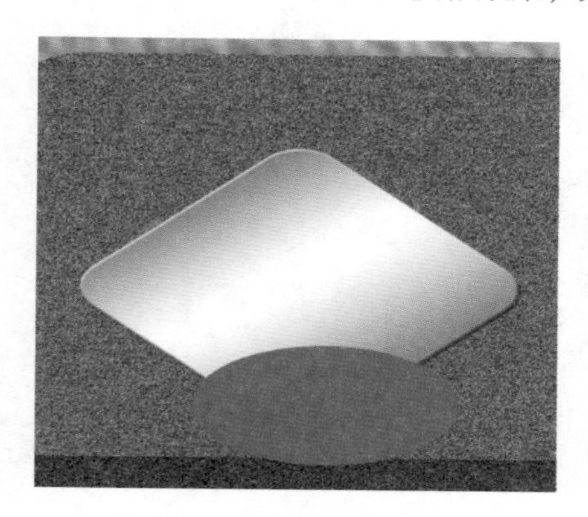

■ 图 7-23　执行布尔运算

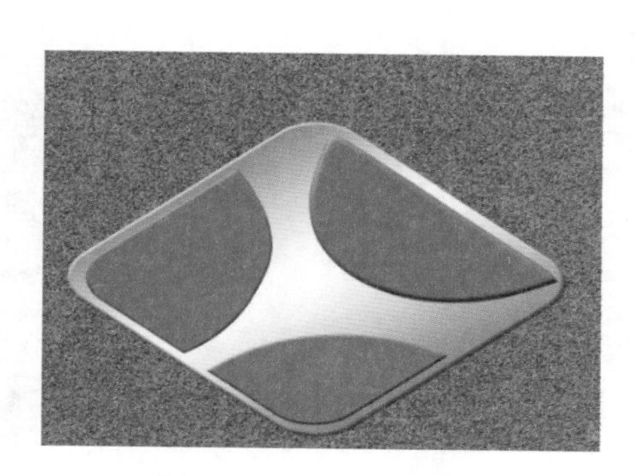

■ 图 7-24　做好的扇形效果

步骤三：复制三个扇形图层并合并起来，给图层添加内阴影和内发光效果，如图 7-25、图 7-26 所示。整个 Logo 和名片就设计好了。

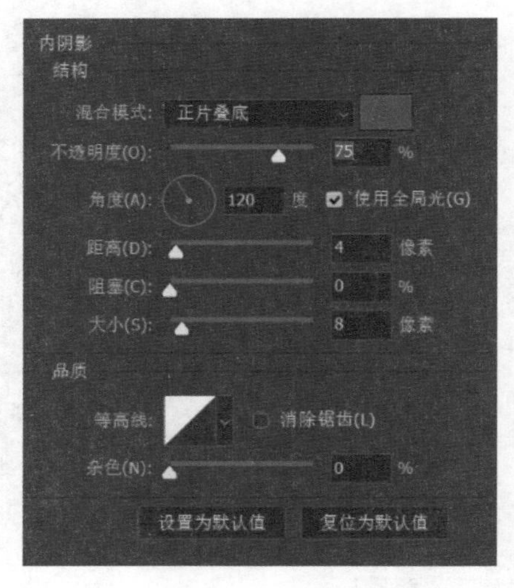

■ 图 7-25　内阴影参数

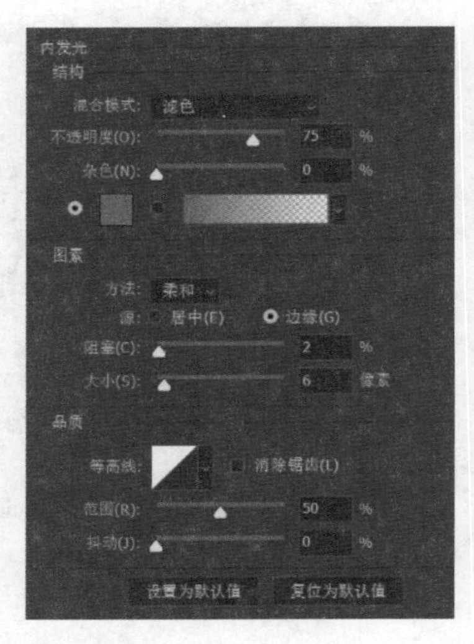

■ 图 7-26　内发光参数

7.3 课堂学习——App 应用 Logo 设计

APP 应用 Logo 不仅要看起来美观，而且有让用户想深入了解的欲望，同时还能传递应用的信息，给用户带来第一感受，引导用户下载使用。首先，设计 App 应用 Logo 时要了解不同应用平台的设计规范，例如 Android 系统和 iOS 系统的设计规范就截然不同。其次，在设计时要找到设计方向的共性和自身的独特性，抓住用户的眼球和用户的好奇心。最后还要在设备上测试预览图标的效果，因为计算机显示器的色彩和亮度与触摸屏移动设备的是不同的。

下面的这个案例，是某美食品牌的 Logo，如图 7-27 所示。Logo 颜色是以红白为主，红色是吸引用户的目光和衬托白色。白色部分，下面是一个碗的形状，上面是两个字母 Z，Z 是店铺名称的首字母。Logo 简单而有标识性，突出品牌的特点。下面让我们来试着制作一下吧！

■ 图 7-27　某品牌 App 应用 Logo

步骤一：新建一个 A4 大小的文件，分辨率为 72 像素。单击椭圆工具，按住【Shift】键绘制一个正圆，填充为红色，颜色为 #de4331，如图 7-28 所示。

步骤二：使用文字工具，输入一个大写的 Z，选择 Adobe 黑体 Std 字型；接着右击选择转换为形状，接着用直接选择工具调整锚点，给文字适当调整，然后复制字母图层，就得到两个 Z 了，如图 7-29 所示。

■ 图 7-28　绘制红色的圆

■ 图 7-29　调整文字

步骤三：绘制一个白色正圆，选择直接选择工具选择上边的锚点，然后按【Delete】（删除）键把锚点删除，这样就得到了一个半圆，再用钢笔工具给半圆添加圆角的路径；接着使用矩形工具，绘制一个矩形，选中矩形和半圆图层，执行“图层”→“合并形状”→“减去顶层形状”命令，如图 7-30 所示。这样 Logo 就完成了，如图 7-31 所示。

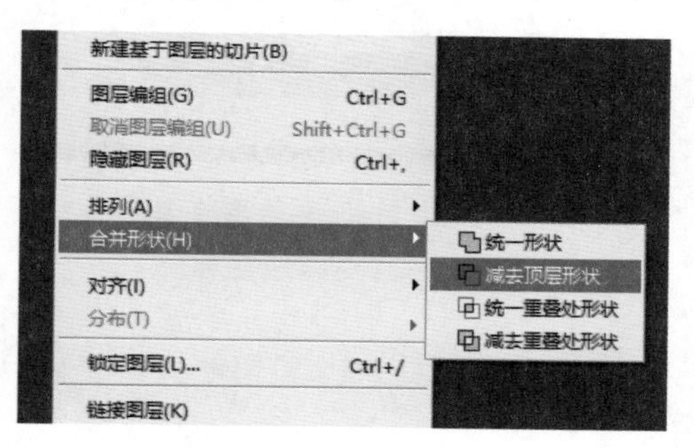

■ 图 7-30　减去顶层形状

■ 图 7-31　结果

接下来绘制某个旅游 App 的 Logo 及图标设计，效果如图 7-32 所示。该图标选择了绿色渐变为主题背景，字母 Z 做出一些弧度的变形，连接字母 Z 上下两条边的斜杠采用了一道飞机起飞时的轨迹，还在右上角加了一个飞机，使它们连接起来形成一个整体，看起来更统一舒服。

■ 图 7-32　某旅游 App 图标

步骤一：新建一个长度和宽度均为 300 像素的文件，分辨率为 72 像素。使用圆角矩形工具，按住【Shift】键，绘制一个圆角四边形，选中图层右击栅格化图层，按住【Ctrl】键，选中图层可以得出图形的选区，给图形填充渐变色（#067552 和 #299f64）。绘制一个 Z，选用华文琥珀字型，将文字转换为形状，使用直接选择工具调整一下锚点，然后绘制一个椭圆放在字母 Z 的左上角，将字母图层复制一份出来和椭圆图层执行“图层”→“合并形状”→“减去顶层形状”操作，再稍微调节一下锚点就得到图中效果，而字母右下角的小扇形则用的是布尔运算里面的统一形状，其他步骤和左上角的方法类似，效果如图 7-33 所示。

步骤二：新建图层，用钢笔工具绘制出中间的空白部分和黄色部分，然后选中空白部分选区，单击字母图层，按【Delete】键，用直接选择工具调节一下锚点，最后再绘制小飞机，这个 Logo 就做好了，效果如图 7-34 所示。

■ 图 7-33　运用布尔运算绘制得出的图形

■ 图 7-34　最终效果

7.4 课堂学习——幼儿园吉祥物设计

幼儿园吉祥物设计

吉祥物可以给公司宣传推广，同时可爱有趣的卡通形象容易引起人们的注意。吉祥物的应用广泛，可以制作成玩偶、各种表情包以及各种周边产品，不仅可以凸显公司的文化背景而且还能增强公司品牌的亲和度。此外，公司吉祥物设计不仅可以作为公司的品牌形象代言，而且更容易进入大众的视野中，从而产生品牌关联。这个案例中幼儿园的吉祥物是由一只蓝色大企鹅和一只蓝色小企鹅组成的；大企鹅牵着小企鹅，小企鹅头上有一个皇冠，表达了孩子的重要性。这个吉祥物比较卡通简单易懂。下面就让我们来制作一下吧！

（1）Logo 设计

步骤一：新建一个宽度和高度均为 1 500 像素的文件，分辨率为 300 像素。先绘制一个大椭圆和一个小椭圆，执行“路径操作”→“减去顶层形状”，如图 7-35 所示，得到大企鹅的身体，复制缩小，得出小企鹅的身体，移动到合适的位置，绘制两个圆作为企鹅的眼睛，一个倒三角形作为企鹅的嘴巴，如图 7-36 所示。

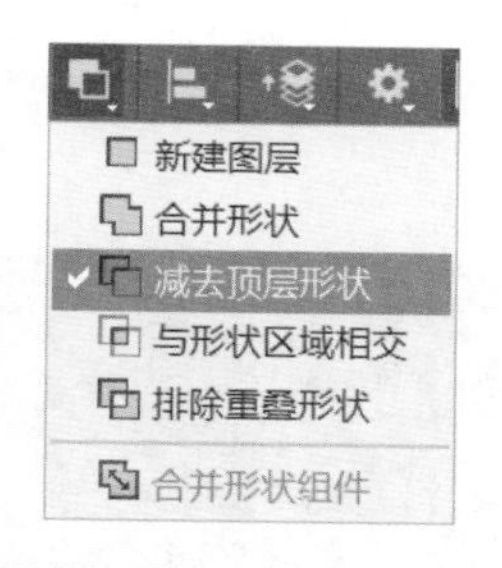

■ 图 7-35　布尔运算图

■ 图 7-36　企鹅图形

步骤二：用钢笔工具绘制出小企鹅的手，对称复制得出另外一只手，再用同样的方法绘制出大企鹅的手，移动到合适的位置。接下来制作皇冠，首先绘制一个矩形，用添加锚点工具给矩形上面边添加三个锚点，下面的边添加一个锚点，然后用转换点工具选择添加的三个锚点，这样后面调整锚点的位置得出来的线就是直线，然后用直接选择工具调整刚才添加的锚点，再绘制三个圆，皇冠就绘制好了。再输入文字内容，整个 Logo 就设计好了。效果如图 7-37 所示。

■ 图 7-37　完整 Logo 效果

（2）横幅设计

步骤一：新建一个宽度为 14 173 像素，高度为 2 268 像素的文件，分辨率为 72 像素，颜色填充为 #8eba3d。把刚才设计好的 Logo 放置进来，如图 7-38 所示。由于背景填充了其他颜色，所以我们可以用钢笔工具再绘制一个比企鹅稍微小一点的多边形，填充白色，使企鹅的身体还是显示白色。

■ 图 7-38　横幅底图

步骤二：绘制一个矩形，填充颜色为 #334e85，给矩形左边的线添加锚点然后移动位置，输入文字内容，文字颜色为 #ffffff，给文字加上描边效果，如图 7-39 所示，横幅就设计好了，效果如图 7-40 所示。

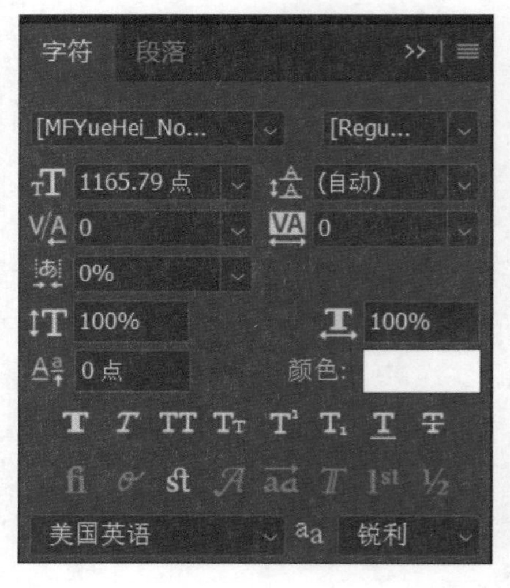

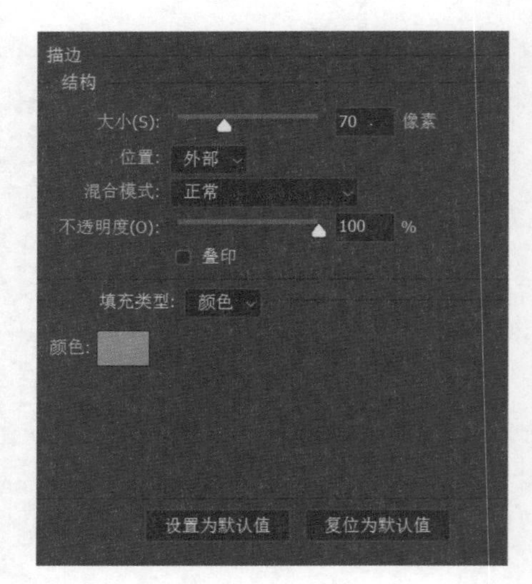

■ 图 7-39　文字效果

■ 图 7-40　完整横幅效果

（3）班旗设计

步骤一：新建一个宽度为 5 102 像素，高度为 2 551 像素的文件，分辨率为 72 像素，颜色填充为 #334d85。把刚才绘制的企鹅放进来，选中椭圆工具，把形状改成路径绘制一个类似企鹅身体的椭圆，然后选择文字工具在圆上输入文字，如图 7-41、图 7-42 所示。

■ 图 7-41　选择路径

■ 图 7-42　修改 Logo

步骤二：输入字母 N 和 BEL，右击把文字图层转换为形状，绘制几个长的矩形条，可以使用对齐里面的垂直分布功能把几个矩形之间的距离一样，然后合并所有矩形图层，移动到字母的上面，选择矩形图层和文字图层，执行“图层”→“合并形状”→“减去顶层形状”命令，班旗就绘制好了，效果如图 7-43 所示。

■ 图 7-43　完整班旗效果

创新创业小妙招——人工智能 Logo 设计平台“小威智能”

小威智能是集智能起名、智能 Logo 设计、智能建站等功能于一体的，基于 AI 和大数据技术研发的智能工具应用网站。小威智能可以解决很多设计师无法解决的问题：首先，没有工作时间限制，24 小时都可以在线设计 Logo；其次，拥有超强的数据分析能力以及海量的素材，能够贴切地设计出客户所需求的方案；最后，拥有深度学习能力，可以不断了解流行趋势从而不断优化自己。

主要流程：

① 首先输入品牌名称，如果有英文名称，也可以一起输入，还可以加上自己品牌的口号或者描述，如图 7-44 所示。

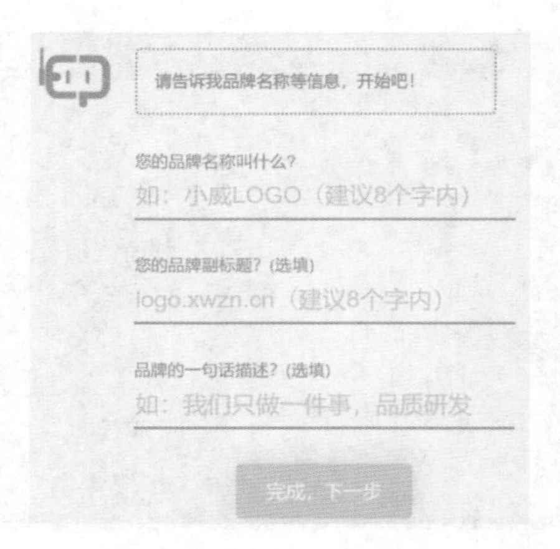

■ 图 7-44　输入品牌

② 选择公司经营的行业，如图 7-45 所示。

■ 图 7-45　选择行业

③ 选择自己喜欢的配色方案，如图 7-46 所示。

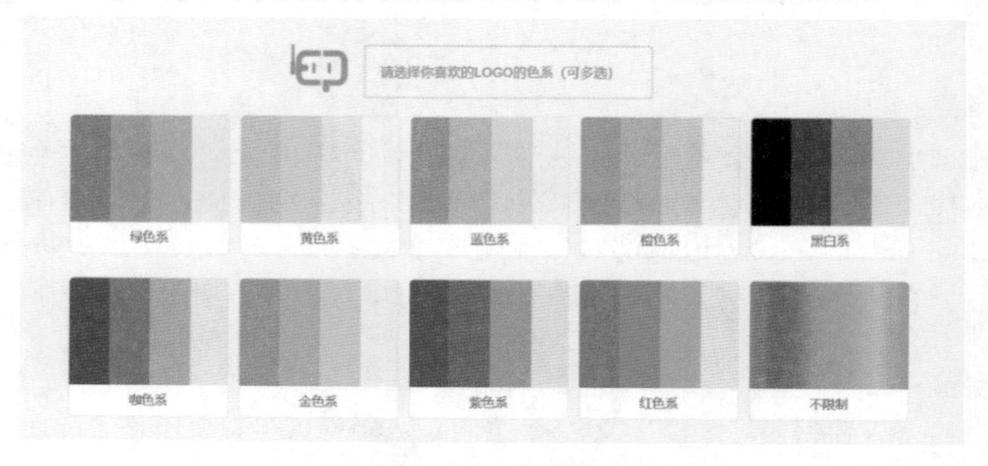

■ 图 7-46　选择色系

④ 系统自动分析用户输入的信息并迅速生成 Logo，如图 7-47 所示。

■ 图 7-47　Logo 设计中

⑤ 设计好的 Logo 有许多种风格类型任意选择，如图 7-48 所示。

■ 图 7-48　生成的 Logo

本章小结

本章学习了关于 Logo 的流行趋势以及相关的优秀案例赏析，通过 Logo 设计、名片设计、横幅设计以及班旗设计等案例的练习，学习了布尔运算、图层样式和锚点工具的使用。希望同学们在课后能够多加练习加强自己的操作！

课后检测

请根据自己所学的知识，练习某汽车公司的 Logo 及名片设计，如图 7-49 所示，尺寸为 3 000 像素 ×3 000 像素，颜色模式为 RGB。

西安蓝图汽车用品有限公司

Lantu

Lantu
AUTO SUPPLIES CO. LTD.

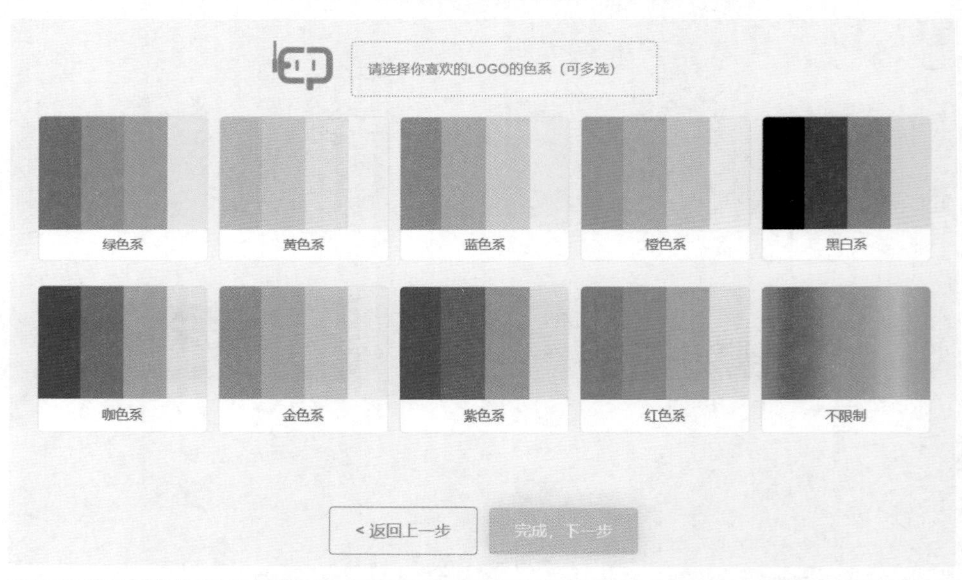
请选择你喜欢的LOGO的色系（可多选）
绿色系
黄色系
蓝色系
橙色系
黑白系
咖色系
金色系
紫色系
红色系
不限制
< 返回上一步
完成，下一步

您的品牌是什么行业的呢?
请依据您的公司经营内容选取最合适的分类
互联网/科技
电商/网购
餐饮/食品
金融
服装/鞋帽
电子/机械
房地产/家居建材
医疗/健康
教育/培训
旅游/休闲
文化/创意
其他行业

■ 图 7-49　课后检测题图

第 8 章

创新项目实践——电商详情页的设计

8.1 课前学习——电商视觉原理

随着互联网的迅速发展，电商行业这一新型产业出现在人们的生活中，现在电商行业发展迅速，网上购物已经成为了人们的日常。各大电商纷纷掘起，竞争也越来越激烈，购物网站也各有各的特点。网站也不仅仅只是放个商品图和商品介绍，而是越来越注重视觉的感受。视觉是人的第一感官，视觉体验决定了用户的心理感受，决定购买力度。所以说网站的视觉设计是非常重要的。

网站视觉设计原理主要涉及四个方面：排版、色彩、字体、素材。

（1）页面排版

电商网站页面框架的排版设计，是视觉设计中传达信息的重要手段。电商网页的版面设计可以给用户带来第一印象的感受和商品信息一目了然的视觉效果，把你想要传达的信息传递给用户，使用户得到清晰的向导。页面的排版设计要干净清晰，图片和文字要有大小、内容、颜色的区分，版面分布均衡，要分得清主次，不同的用户群体要有不同的排版设计，这样才能突出商品，给用户带来不一样的视觉感受。效果如图 8-1 年示。

（2）色彩搭配

好的色彩选择和搭配也会勾起用户的购买欲，人们在挑选商品时只需短短几秒就可以确定对商品有没有兴趣，如果色彩的选择和搭配恰到好处，会给用户留下深刻的印象。而不同的主题、商品类型、商品特点，颜色的选择也会有所不同，例如：食品类的产品会选饱和度较高的颜色，而家电类的产品则选择冷色系。效果如图 8-2 所示。

■ 图 8-1　某网页商品排版

■ 图 8-2　某网页商品颜色搭配

（3）字体选择

文字是表达商品最直观的信息传达载体。文字有不同大小字号、不一样字体的选择。不同的页面风格，不同的页面排版搭配，字体的选择都是不一样的，不同的字体它们所代表的视觉效果都是不同的。女性为主的网页则是多选用苗条、细致的字体；则男性为主的字体多数是以粗字体。效果如图 8-3 所示。

■ 图 8-3　某网页女装商品搭配

（4）素材搭配

素材也是电商网页设计的重要成分之一，起着衬托商品和烘托氛围的作用。不同品种、不同类型的页面所选用的素材也是不同。有时候一个好的商品展示恰恰需要一个好的素材搭配，它可以起到点睛之笔的作用。效果如图 8-4 所示。

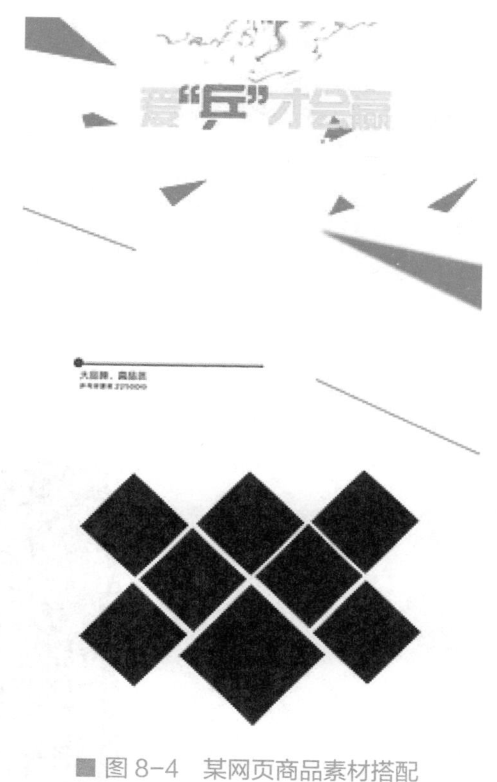

■ 图 8-4　某网页商品素材搭配

8.2 课堂学习——女装店铺详情页设计

这个案例是女装店铺在开学季搞的促销活动，卖的衣服是夏季的衣服。页面颜色是以蓝色为主，多种颜色结合起来，给人清爽、活泼、积极向上的感觉，符合年轻人的阳光朝气，青春向上，也符合了夏季的气息。进行页面排版时要注意四大原则： 亲密性、对齐、对比、重复。同时还要注意侧重点，主要衣服展示放在中间位置，图片相对大点吸引客户的第一目光，提高购买率。在进行设计时，设计者还需要提高自己的审美能力，选择合适的颜色进行合理的搭配，设计出好的页面。

打开案例 8.2 的 PSD 源文件，可以看到女装店铺详情页设计的全部图层信息，如图 8-5 所示。接下来，我们来学习一下制作要点：

（1）新建文件

打开 Photoshop CC 软件，单击“文件”→“新建”命令，以像素为单位，新建一个宽度为 60 厘米，高度为 140 厘米，分辨率为 72 像素的文件，颜色模式为 RGB，如图 8-6 所示。RGB 颜色模式制作出来的色彩丰富饱和，图像质量最高。

■ 图 8-5　女装店铺详情页

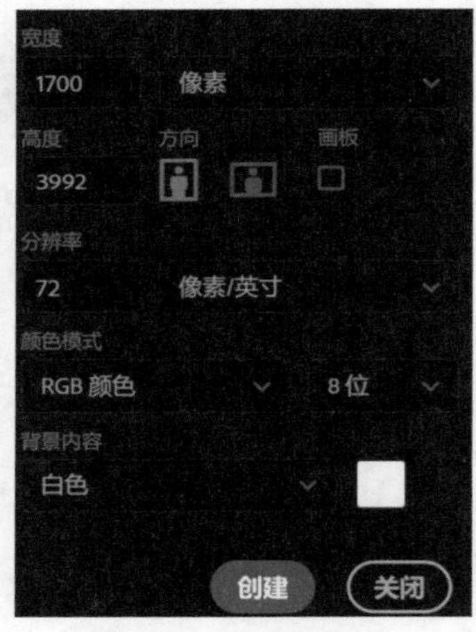

■ 图 8-6　新建文件

（2）创意文字设计方法

创意文字效果如图 8-7 所示。操作方法如下：

■ 图 8-7　创意文字

步骤一：先用文字工具分两行打出“最美开学季 ”“就要你好看！”这几行字（字体选择方正兰亭黑简体，字重为 Bold，颜色为 #ddd551，也可以根据页面选择合适的字体），接着对文字进行一些设计，然后右击选择栅格化文字图层，如图 8-8 所示。效果如图 8-9 所示。

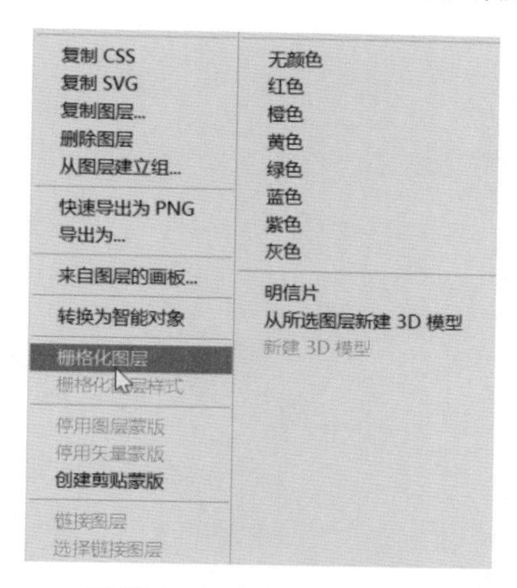

■ 图 8-8　栅格化文字图层

■ 图 8-9　文字设计

步骤二：按用矩形选框工具，填充为 #1ed5ff 的蓝色，描边为 #cff6ff 的浅蓝色，画一个合适的矩形，接着按【Ctrl+T】键把矩形旋转一个合适的角度。最后矩形在文字图层上方，右击建立剪贴蒙版或按【Alt+Ctrl+G】键创建剪切蒙版，如图 8-10 ～图 8-12 所示。

■ 图 8-10　创建矩形

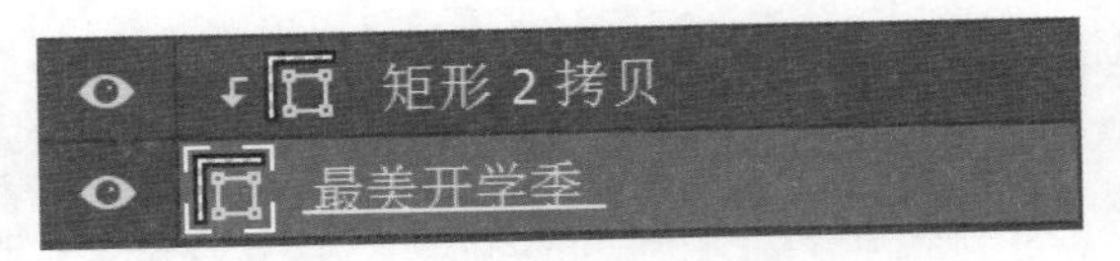

■ 图 8-11　创建剪贴蒙版

■ 图 8-12　结果

步骤三：另一个文字图层也是相同的步骤，进行点缀装饰，创意文字就完成了，如图 8-13 所示。

■ 图 8-13　最终结果

（3）图片规格统一的方法

在进行多图统一排版设计时，多张图片的尺寸很难是一样的，如果还要一个图片一个图片裁剪是很浪费时间的，所以这就用到了剪贴蒙版。剪切蒙版可以用其形状遮盖其他图稿，这样只能看见蒙版形状内的区域。效果如图 8-14 所示。

■ 图 8-14　图片规格统一

先用矩形工具建立一个合适的矩形，接着把图片导入，然后把图片适当移动，使图片需要显示的内容在矩形的范围内，接下来移动图片图层，把它放在矩形图层的上边，最后右击建立剪贴蒙版，这样就完成了。

8.3 课堂学习——商品店铺详情页设计

本案例是对零食薯片详情页的设计，详情页是利用简笔画来制作了一个爱吃薯片的卡通人物，用这样有趣的卡通风格展示了薯片的制作过程，从而体现了薯片的好吃。效果如图 8-15 所示。

（1）新建文件

新建一个文件尺寸宽为 27 厘米，高为 262 厘米，分辨率为 72 像素，模式为 RGB 的图层，如图 8-16 所示。

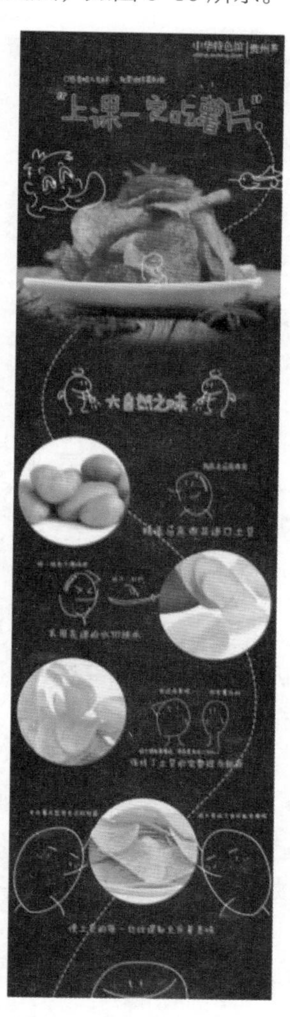

■ 图 8-15　商品店铺详情页

■ 图 8-16　创建文件

（2）字体设计

字体设计效果如图 8-17 所示。

■ 图 8-17　字体设计

选择一个比较简单卡通一点的字体，输入“上课一定吃薯片”这几个字，接着右击将文字图层变成栅格化图层，置入粉笔纹理的图片，将纹理图片放置在文字图层上方，然后选择两个图层，右击创建剪贴蒙版，如图 8-20 所示，加上装饰这样就完成了，如图 8-19 所示。

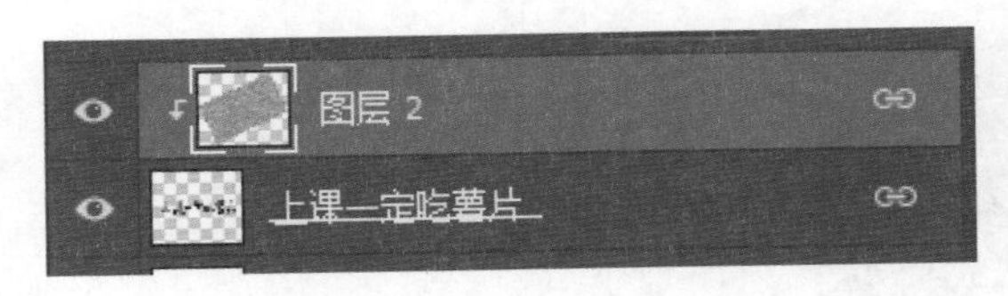

■ 图 8-18　创建剪贴蒙版

上课一定吃薯片

■ 图 8-19　字体设计完成

制作商品店铺详情页的主要知识点是对图片进行剪贴蒙版，从而达到页面美观和图片的统一。里面的卡通人物也可以自己动手绘画，创造属于自己的小人物。上个案例已经学了剪贴蒙版的使用，接下来大家通过本次案例来继续学习一下吧！

创新创业小妙招——如何装修线上店铺

想开一家网店的朋友，在开网店时除了制定销售计划，网店的装修也是非常重要的，好的店面装修风格会吸引更多的顾客，下面介绍几种常见的店铺装修布局方式。

分组清晰型布局

分组清晰型布局方式采用的是将店铺名称、导航栏、店铺 banner 设计为较宽的版面，主体商品信息部分以居中的方式摆放，两边适当的留白，并且不同类型的商品用不同的标题栏划分，这样的布局方式给人一种宽阔、清晰明了的感受，带来视觉的舒适感。效果如图 8-20 所示。

展示形象型布局

展示形象型布局方式，店铺名称和导航栏采用的是较宽的版面，店铺 banner 设计的宽度则是跟主体商品内容排版的宽度是一样的，商品内容居中，两边适当留白，其中商品介绍的海报都是统一大小，这样的布局方式给人一种规范有秩序的感觉，这个布局方式能展示的商品不多，商品内容相对较少的可以使用这个布局方式。效果如图 8-21 所示。

■ 图 8-20　某店铺分组清晰布局

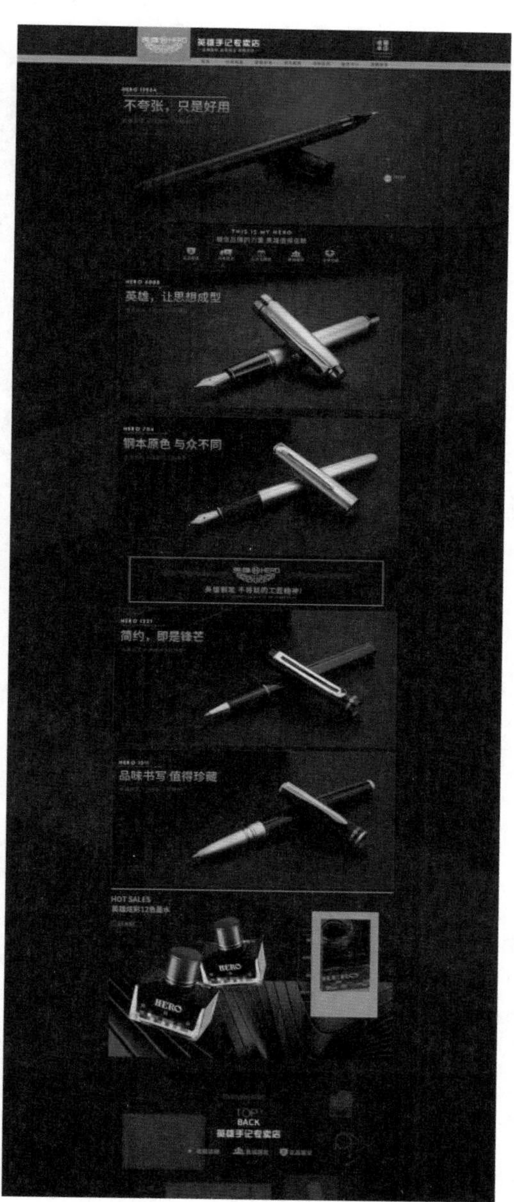

■ 图 8-21　某店铺展示形象布局

引导视线型布局

引导视线型布局方式，店铺名称、导航栏、店铺 banner 也是设计为较宽的版面，不同的在于商品的排版位置，第一组商品图片与第二组的商品图片相对，商品文字信息也是相对，第三、第四组以此类推，造成 S 形效果，给人一种灵活动态感，起到引导视线的作用，吸引顾客观看商品的时间。效果如图 8-22 所示。

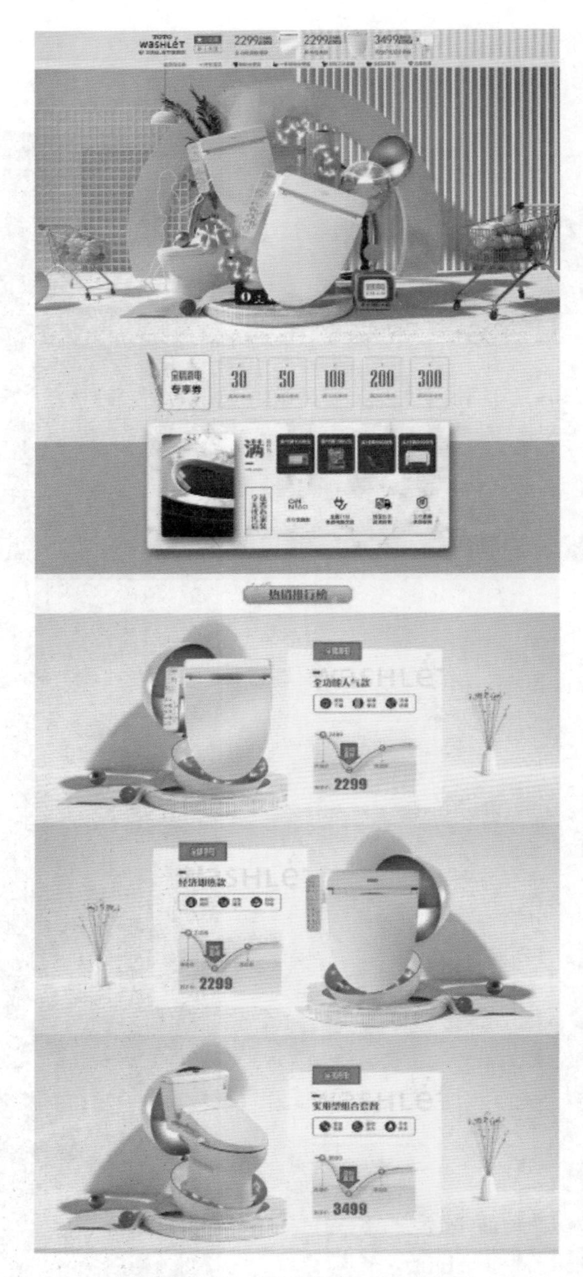

■ 图 8-22　某店铺引导视线布局

集中视觉型布局

集中视觉型布局方式，就是把众多商品集中整齐排列在中心位置，排列的商品不是很多也不是很少，以九宫格的方式排列商品，给人一种视线焦点集中的感觉，能清晰的展现各个商品。

信息丰富型布局

信息丰富型布局方式，字面的意思就是页面的信息很丰富，包括店铺名称、导航栏、banner、优惠券栏、商品区以及客服区。商品区的商品排列是存在一个递增关系的，让人很容易看清商品的主次关系。页面看起来很丰富，整体页面看起来很舒服，给人一种层次感。效果如图 8-23 所示。

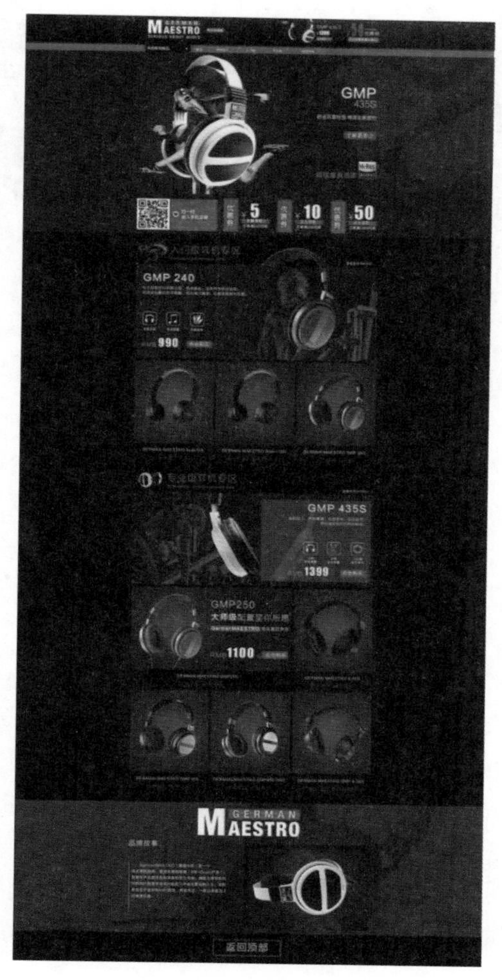

■ 图 8-23　某店铺信息丰富布局

本章小结

本章介绍了电商视觉原理，并讲解了电商视觉原理设计涉及的四个方面：排版、色彩、字体、素材，还通过制作女装店铺详情页，商品店铺详情页的案例练习，学习了图层剪贴蒙版的使用，使图片规范统一。剪贴蒙版在很多的设计页面中都会用到哦，请同学们牢牢记住。

课后检测

请设计一个双十一活动主题的商品详情页，尺寸为 60 厘米 ×140 厘米，颜色模式为 RGB，表现形式和商品类型不限。

第9章

创新项目实践——企业官网效果图设计

9.1 课前学习——网页设计原则

在日常生活中，说到网页，其实大家并不陌生，购物、看新闻、看视频等都需要浏览网页。好的网页能让人赏心悦目，并且能快速得到自己想要的关键信息，不会造成视觉疲劳。

我们在进行网页设计时要确定网页的类型、目标客户是谁、网页设计的目的是什么这些一系列的问题，同时我们还要遵循网页设计的五大原则：统一、连贯、分割、对比以及和谐，按照这些问题和原则用 Photoshop 进行设计。

（1）网页设计统一原则

在进行设计时，要确定网页设计的风格，例如：字体类型、大小，主体颜色，图片的风格等都是要确定的，使网页体现整体和一致性。同时在设计时要注意不要将网页的各个部分拆分开，作为一个个独立的部分，这样会使画面杂乱无章，分不清主次，使人们很难获取信息。效果如图 9-1 所示。

（2）网页设计连贯原则

连贯原则指的是要注意版块之间的相互联系，使各个部分在内容上存在联系以及在表现上也相互呼应，形成统一有序的画面。其中页面的上下、左右，页面与页面中间要保持布局一致。从而实现视觉上和心理上的连贯，使整个页面变得很融洽，看起来很舒服。效果如图 9-2 所示。

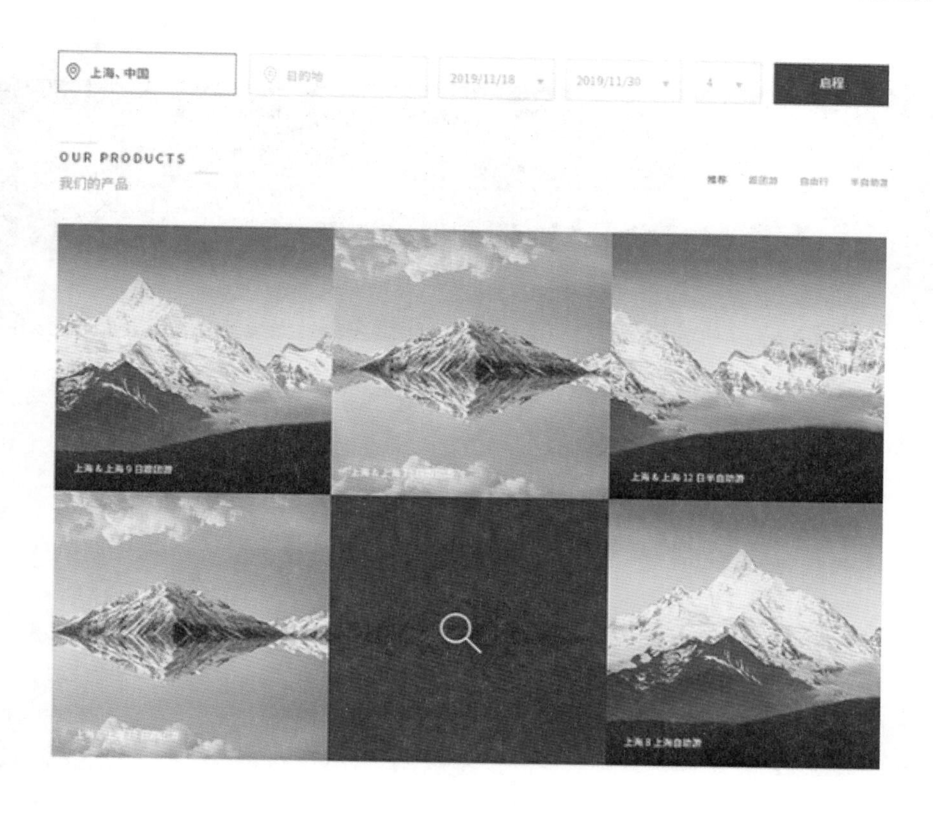

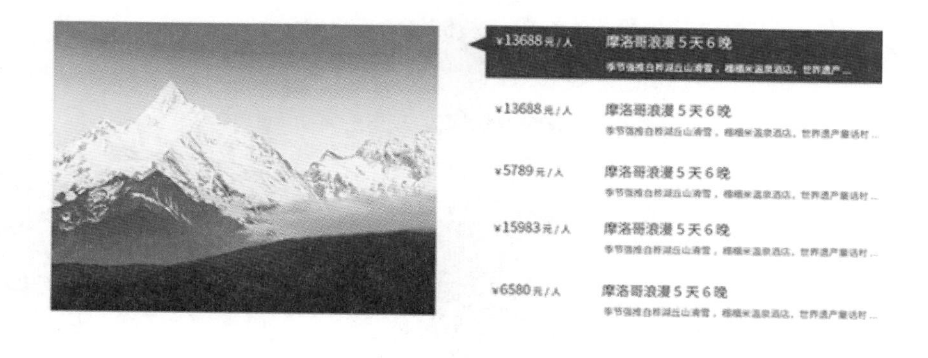

■ 图 9-1　某旅游网页的统一设计

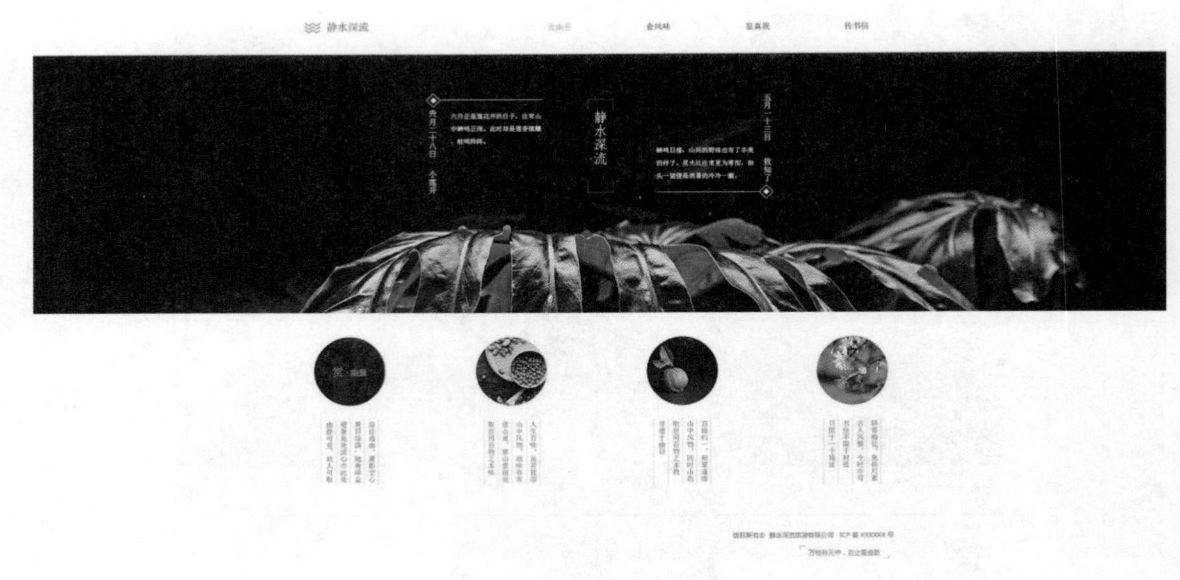

■ 图 9-2　某网页的连贯设计

（3）网页设计分割原则

网页的页面要适度的分成若干个小方块，每个方块之间要有区别和适当的间隙，让别人分得清每个方块的内容。同时要注意将画面进行有效分割，保持页面的美观和整洁。分割是对页面内容的一种整理和分类归纳。效果如图 9-3 所示。

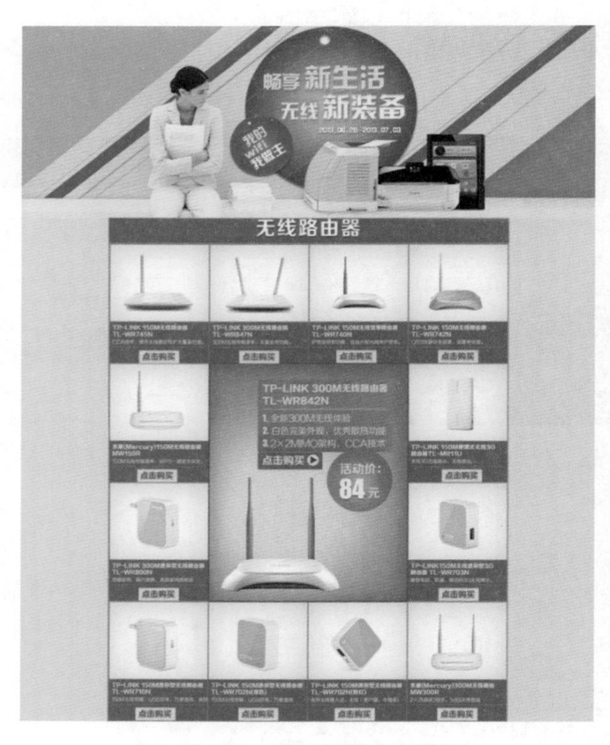

■ 图 9-3　某网页的页面分割

（4）网页设计对比原则

对比就是通过矛盾和冲突，使页面设计更富有生气和美感。对比的方法有很多，例如颜色的对比、形状的对比、粗细的对比、大小的对比，强和弱的对比等，对比是在设计中增强视觉效果最好的方式，它还能组织信息，形成有序的版面的作用。但是在进行对比设计时要适度，对比过于强烈，会使页面缺失美感，造成视觉疲劳。效果如图 9-4 所示。

■ 图 9-4　某网页设计的颜色对比

（5）网页设计和谐原则

和谐原则是指页面符合美感，页面的颜色搭配和形状等的选择要合理，放在页面上的各个元素都有其合理存在的要求，缺少哪个部分会失去画面美的平衡感。如果只是对页面进行随意搭配，那么设计出来的页面就会缺失“活力”，没有达到传递信息的效果。效果如图 9-5 所示。

■ 图 9-5　某网页的和谐设计

9.2 课堂学习——某旅游类企业官网效果图设计

某旅游类企业官网效果图设计

本案例是某旅游网页的设计，分为两部分，一个是头部部分；另一个是内容主体部分。其中主体部分是用颜色来划分每个部分所代表的不同内容，排版采用居中的页面格式，两边适当留白。每个部分的标题采用相同的格式，各个部分里的内容排版统一、合理，文字分等级，不同等级文字采用不同的字体，其中采用的图片符合旅游的主题，整体看起来很和谐，符合美感。效果如图 9-6 所示。

■ 图 9-6　某旅游类企业官网效果图

打开案例 9.2 的 PSD 源文件，可以看到旅游网站的全部图层信息。接下来，我们来学习一下制作要点：

（1）新建文件

打开 Photoshop CC 软件，单击“文件”→“新建”命令，以厘米为单位，新建一个宽度为 60 厘米，高度为 164 厘米，分辨率为 72 像素的文件，颜色模式为 GRB 的图层，如图 9-7 所示。

（2）新建参考线

新建参考线是为了确定导航栏、banner 以及主体内容的位置。首先单击“视图”→“标尺”命令（R）来显示标尺栏，接着再单击“视图”→“新建参考线”命令来新建你想要建立的水平或垂直的参考线，如图 9-8 所示。导航栏的距离为 3 厘米；banner 的距离为 29.7 厘米；主体部分两边留的空白为 12.4 厘米，如图 9-9 所示。（其中在新建参考线时要注意参考线的位置的单位。）

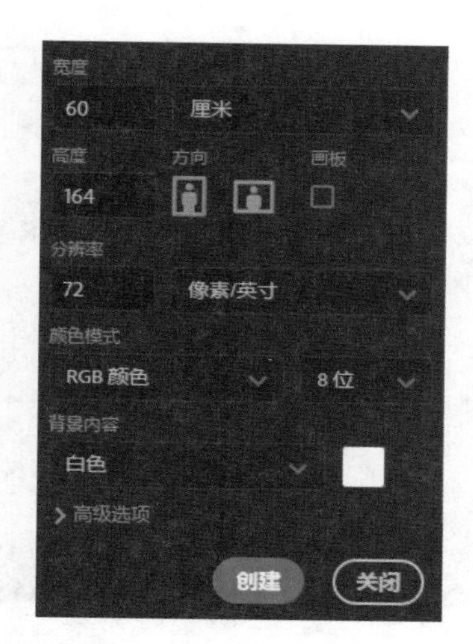

■ 图 9-7　新建文件

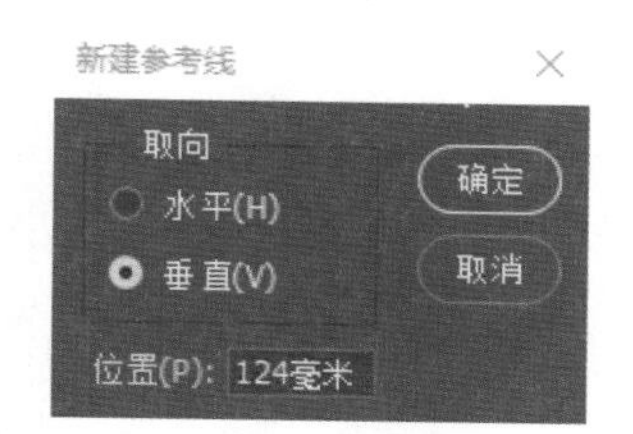

■ 图 9-8　新建参考线

（3）创意图片

创意图片效果如图 9-10 所示。操作方法如下：

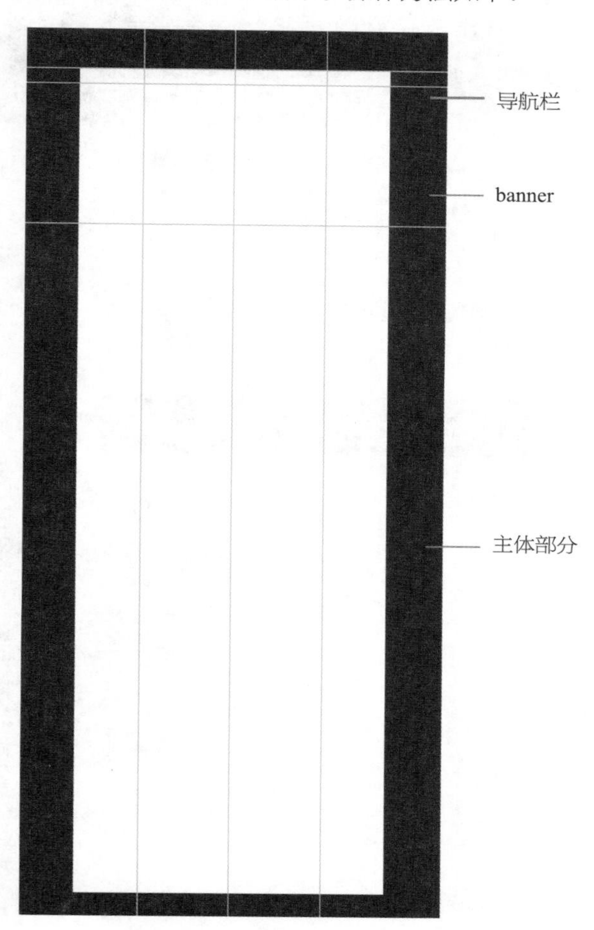

■ 图 9-9　最终结果

■ 图 9-10　创意图片

步骤一：用矩形工具建立一个合适的矩形，接着导入马尔代夫风景图。使风景图片在矩形工具的上边，接着右击创建剪贴蒙版，如图 9-11，图 9-12 所示。

栅格化图层
栅格化图层样式
停用图层蒙版
停用矢量蒙版
创建剪贴蒙版
链接图层
选择链接图层

■ 图 9-11　创建剪贴蒙版

■ 图 9-12　剪贴蒙版的效果

步骤二：新建一个跟前面建立的矩形大小一样的方框，填充为 #0094ff 的蓝色，描边为无填充，并将不透明度降低为 83%，如图 9-13、图 9-14 所示。

步骤三：使用横排文字工具，选择合适的字体，输入“CLICK HERE FOR DETAILS”这几个英文字母，然后进行合理的分段。效果如图 9-15 所示。

■ 图 9-13　填充颜色

■ 图 9-14　降低不透明度

■ 图 9-15　最终结果

（4）创意图片 2

图 9-16 所示这些图片效果也是用剪贴蒙版制作的，每个小方块是由四个部分组成：大的矩形、小的颜色矩形、风景图片以及相对应的文字。大家通过本案例来学习一下吧！

■ 图 9-16　创意图片 2

创新创业小妙招——快速建站平台“凡科建站”

登录凡科建站官网，里面有很多别人做好的网页模板和案例，在设计网页时如果没有想法的同学，可以借鉴别人的网页来制做，加上自己特有的想法，制作出属于自己的网页就很容易了。

在凡科网站建站，首先单击进入企业中心，如图 9-17 所示。

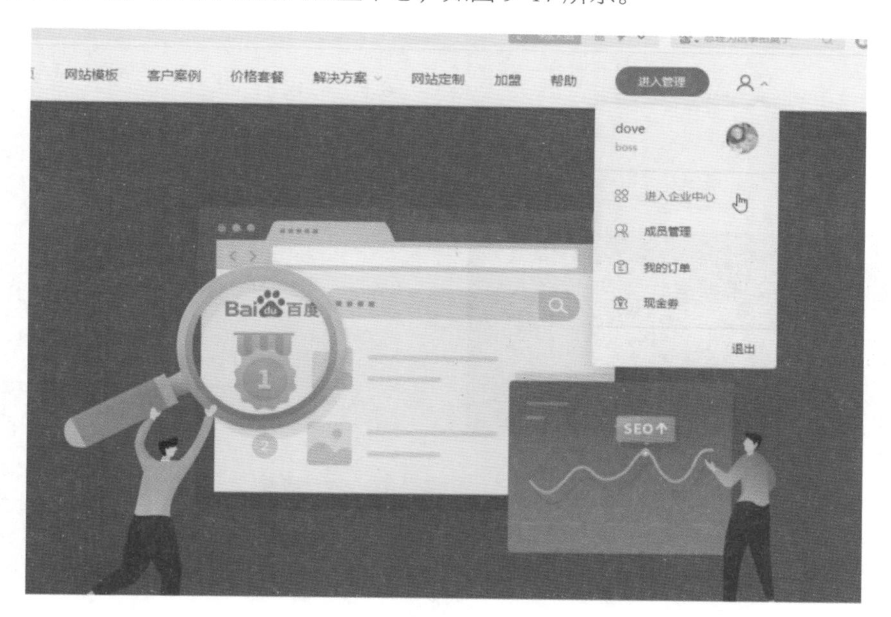

■ 图 9-17　进入企业中心

接着单击凡科建站，创建自己的网站名，选择你想要创建手机端还是电脑端的网站，然后可以选择你想要的模板进行网页设计，然后单击左边的模块进行设计。模块里有各种图文排版方式、基础工具以及动画效果，如图 9-18 ～图 9-20 所示。

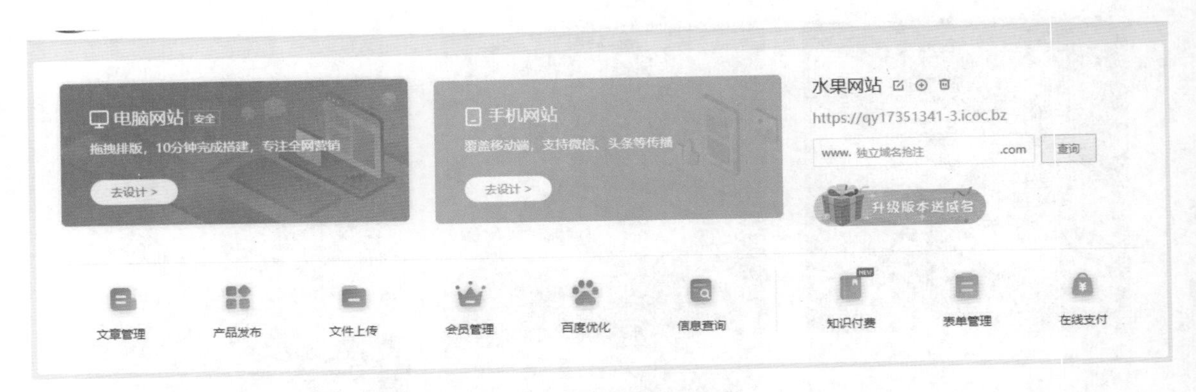

■ 图 9-18　创建电脑网站

■ 图 9-19　单击模块进行设计

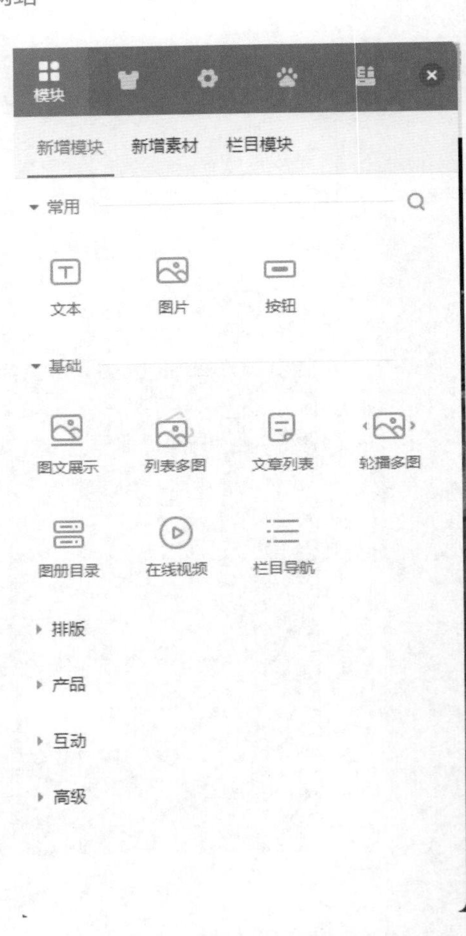

■ 图 9-20　模块展示

除了模块功能区，还有样式、设置、百度优化、辅助工具功能区，接下来同学们可以自己创建一个网站来摸索剩下的功能区都有什么效果吧！

本章小结

本章介绍了网页设计有五大原则：统一、连贯、分割、对比以及和谐。在进行设计时网页的模块排版很重要，影响着使用者的观感。一个网页主要有三个部分：导航栏、banner 以及主体内容。通过旅游网页的制作加深了对网页制作的熟练程度，有时间同学们也要多多练习哦，可以去优秀的网站观摩学习。

课后检测

为吸引更多的学生来报考我们学校，请用 Photoshop CC 软件为我们学校制作一个招生网站首页，首页要有学校的文化背景介绍。